善敗
成功學

美國垃圾大亨布萊恩，

從平凡到不凡的**「創業式領導」**筆記

WTF?!
WILLING TO FAIL

HOW FAILURE CAN BE
YOUR KEY TO SUCCESS

BRIAN SCUDAMORE
WITH ROY H. WILLIAMS

布萊恩・斯庫達默——著　謝慈——譯

各界好評

布萊恩．斯庫達默精彩的創業故事正是我們需要的。無論是不良的員工、錯誤的決定、個人或財物的損失，都無法熄滅他的創業之火。帶著樂觀和堅持，他將最簡單的想法轉化為超過兩億五千萬元的事業王國。這本書會讓我們想要瘋狂地奔向創業之路。

Leigh Buchanan，《*Inc.*》雜誌特約編輯

布萊恩．斯庫達默的創業之路高低起伏，這並不意外，因為他已經奮鬥三十年了！在這本書裡，他坦承了一切，將所有好的、壞的、醜陋的都據實以告，成為新創業者最好的幫助。假如要用一句話總結這本書，我會說：「從布萊恩的錯誤中學習，就不用親身經歷。」我們都應該敞開心胸，從前輩身上學習。

Joe De Sena，斯巴達障礙賽創辦人兼執行長，
紐約時報暢銷作家，世界頂尖運動員

布萊恩．斯庫達默是企業界隱藏的寶石。在這本書裡，他教導我們謙遜與智慧的人生課題。帶著適量的樂趣（和藍色假髮的精神），探討了付出與熱情、工作與玩樂的關係，以及塑造人生的重

大事件。他不只分享了人生的教訓，更述說了帶來教訓的真實故事。

Noam Wasserman 博士，南加州大學創業中心創辦人，紐約時報暢銷書《哈佛商學院最實用的創業課》作者

簡單好讀的書，卻有著布萊恩．斯庫達默三十年的經驗，告訴我們創業者必須欣然面對失敗，才能真正得到成功。非常值得推薦！

Justin Martin，《財富》雜誌作家

布萊恩・斯庫達默的故事令人驚奇，充滿啟發性。從在麥當勞靈機一動買下七百元的破爛卡車開始，他用自己的雙手打造了上億元的品牌。是幸運嗎？或許吧！時機巧合嗎？是的。但他同時也全心全力地打拚，從簡單的小公司開始，不斷打敗競爭者。1-800-GOT-JUNK? 的故事充滿失敗、掙扎、危機，以及勇氣和最終的成功。布萊恩・斯庫達默活出最精采的故事。

Guy Raz，美國公共廣播電台《*How I Built This*》節目主持人

最好的學習都來自前輩的經驗分享，而布萊恩・斯庫達默經驗豐富。這本書不只有趣而好讀，更讓我學習到十五項生意和人生的

課題，幫助我自己的人生，也幫助了我每個月指導的執行長們。

Jack Daly，亞馬遜暢銷書作家，執行長導師

像布萊恩．斯庫達默這樣的成功人士分享經驗時，無論是成功或失敗，都將充滿力量。這本書比MBA學位更有價值。

Pat Lencioni，暢銷書《團隊領導的五大障礙》作者，商業顧問與講者

布萊恩．斯庫達默就像每個人一樣普通，卻帶領平凡的公司邁向傑出，走入世界。這本書告訴我們，每個人只要樂在其中，努力

打拚，就可能改變世界！

Michael.E.Gerber，《創業這條路》作者

清楚、誠懇、有趣，這本書適合任何想要創業的人！

Elaine Pofeldt，《百萬美元的一人公司》作者

要使一間公司成長為上百萬元的企業並不容易，而布萊恩．斯庫達默成功了四次。這是他的第一本著作，分享了他如何從一台垃圾車開始，創造出家事服務的帝國。假如他做得到，我們也可以。

如果你希望在創業之路上得到引領，就讀這本書吧！

Robert Herjavec，《沙魚缸》和《龍穴》創業節目的創業家名人

布萊恩・斯庫達默將平凡的服務業公司轉換為出色的客服體驗，而且一共創造四次奇蹟。他真正了解如何提升公司的規模，並且用擁抱失敗的態度創造成功。這本書將是創業者們最重要的工具。

Verne Harnish，創業家組織，《逐步升級》作者

創業成功的關鍵在於態度，而布萊恩．斯庫達默證實了自己的態度很正確。在這本書裡，他分享如何將失敗轉化為學習的機會，如何找到了不起的工作夥伴，以及如何在工作中得到快樂。他擁抱失敗的哲學是提升事業的祕密武器，能幫助我們創造良好的企業文化，並將挑戰化為勝利。

JJ Ramberg，MSNBC 頻道《你的生意》節目主持人，「goodShop.Com」共同創辦人

成功的關鍵在於態度。這本書將用積極正向的語調，引導我們踏上創業家的道路。

謝家華，線上成衣商店 Zappos 執行長，著有紐約時報暢銷書《想好了就豁出去：人生不能只做有把握的事，鞋王謝家華這樣找出勝算》

推薦文

陳亦純
台大保險經紀人（股）公司 董事長

獨特的「善敗」成功學，作者在書裡所應用的「創業式領導」，對不知道如何創業，不知道如何面對挫折的人來講，這本書提供了很好的借鏡和方法。

簡單易讀的書，作者三十年浮浮沉沉的生命經驗告訴我們，創業者必定要面對失敗，才能得到最後的成功！因為在沒有失敗的情況下取得成功，將是一場空洞的勝利。在你內心深處，你總會知道，你並沒有真正獲得它。

布萊恩・斯庫達默在三十年的創業經歷裡，從最平凡的垃圾清運工作起家，再跨足搬家、粉刷、居家清潔等領域，在無數次的失敗中，努力讓平凡的垃圾清運，變得不凡。他複製了加盟模式四度創業，其成功心法足為有心創業者效法的典範。

如今布萊恩坐擁O2E居家服務的跨國領導品牌，他失敗的故事卻引人入勝，內容充滿了人人都可以學習和警惕的觀念與技巧，二十五個章節句句經典，讓你讀來熱血沸騰，在充滿挑戰的時代裡，讓你踏過挫折，無視困難。

想成為一名創業家意味著你必須放下恐懼，而「善敗」給你從挫折到偉大所需要的鼓勵和智慧。不論外在環境多紛擾和不安，這是你當下一定要看的一本書！

獻給 祖父肯尼和祖母佛羅倫斯，

是他們點燃了我的創業之火。

Contents

前言

我寫這本書，是為了鼓勵你。

我是個再平凡不過的人，既沒有創立什麼科技公司，也沒有發明任何應用程式。我不曾和明星歌手們一起開派對，也沒開過高檔名車。我的同事、朋友和家人都會告訴你：「布萊恩是個平凡人。」

經過三十年左右，我小小的垃圾清運公司平均一天進帳一百萬美元，而我可以清楚預見它成為上億元的公司。只要有心，你也可以做出一番大事業，但你必須願意面對失敗。

失敗只是暫時的。

而在那之後，我們記取教訓。

我們得到智慧。

我體驗過榮耀和成就的時刻，有時在一開始完全無法想像。然而，過程中充斥著挑戰、錯誤和失敗，我必須一一面對和承受。

我想和你分享一切，讓你從我的錯誤中學習。畢竟，何苦讓你和我經歷一樣的痛苦，才能學到這些教訓呢？

我很幸運，身邊圍繞著熱情勤奮的人，能讓我倚靠。他們和我一樣，想做得更多更好，而我們能一起奮鬥。

人生有許多最精華時刻，使我們永誌難忘，都是因為身邊有這些美好的人陪伴。

成功不是靠我個人之力，而你也無法孤軍奮戰。
想一起踏上創業的冒險旅途嗎？
想少走一條路嗎？
想要開始自己的創業故事嗎？
如果我能做到，你也可以做到。

布萊恩

01

祕密脫逃路線

在我七歲時，我得到一個父親。

查爾斯．斯庫達默當時正在就讀醫學院，而幸運的是，他和我母親墜入愛河。

「我願意。」

「我願意。」

「我和她是一起的，同綑包的概念。嗨，我的名字叫布萊恩。」

於是，咻的一下，查爾斯．斯庫達默從舊金山的家裡接走我和老媽，將我們帶到另一個國家，加拿大的溫哥華。

身為一個外國人，一個七歲大在加拿大的美國人，我唯一在乎並真心期盼的，就是能夠融入同儕，產生歸屬感，並且交到朋友。問題是，我太用力了，於是我成了班級裡的丑角，總是靠著嘲笑別人來換得笑聲，引起注意，希望能夠被接納。結果，我成了觸怒別人的專家。

我希望你永遠別這麼做。因為若是如此，你會學到和我一樣的教訓：其他孩子也只是渴望被接納而已，嘲弄會使他們覺得受到排擠。

我花了整整六年的時間，才理解到讓別人難受並不會使他們願意和我來往。

身為班上的丑角、秩序的破壞者、麻煩的製造者——多年來我只能這麼排解寂寞的時光，還得利用下課時間跑回家。我家離學校僅一箭之遙，所以一下課，我總是第一個衝出教室，跑回家，一直坐到聽見上課鈴聲為止。我會盯著窗外，直到所有想踹我一腳的人都回教室，這才衝回學校，繼續上課。

到了放學回家的時間就比較麻煩一點了。在找到逃生路線之前，我時常被揍。當其他孩子都朝校門口走時，我會往反方向出發，走去圖書館。接著，趁著沒有人注意，我就從緊急逃生門溜出去。這道門幾乎就在我家對面而已。

祕密脫逃總是需要下一番功夫（即便是快樂、健康的逃避），可能是烹飪、滑雪、旅行、學語言、開導別人、當教練、陪小孩玩耍……等等。

假如連一項快樂、健康的逃避方式都沒有，你得找個活動讓自己全心投入了。別只是坐著枯等哪天奇蹟發生，突然就會有某種「熱情」。隨便找件事，認真投入，熱情自然會隨之而來。

投入會帶來熱情。
熱情卻不會帶來投入。

我希望你不要像我一樣，切身地感受到「拒絕其他人」，只會讓雙方都感到痛苦。但假如你已經親身經歷了，只願你並未花太多時間明白這個道理。

年幼的我未曾想過自己有其他的選擇，一開始就決心扮演丑角，於是左支右絀，彷彿卡在軌道上的火車，只能一頭鑽入黑暗孤寂、充滿回音的漫長隧道。

現在的我依然很喜歡開玩笑和惡作劇，但卻會小心不傷害其他人的情感。我不再以戲弄別人為樂。

隨著年紀增長，我也體悟到戲弄人並不是唯一使對方受傷的方式。不斷抱怨自己的工作、老闆、財務危機、單身生活、人生的不公平……等等，也會令人不舒服，但這是別的章節的主題了。

02 再次當個「新來的」

我十二歲的時候，老爸必須到英國進修肝臟移植的外科手術。當然，他帶了我們母子倆一起去。

我很期待能逃離霸凌折磨我的人。

問題是，我是個一嘴暴牙的加拿大小鬼，帶著亮晶晶的牙套，還剪了個很糟的髮型。不誇張，就像理髮師在我頭上倒扣了一個碗，然後把其他頭髮都剃光那樣。

更糟的是，我在英國的歲月裡，從沒看過其他小孩戴牙套。當時有個熱門的機器人電視節目叫《金屬米奇》，不難想像事情如何發展了吧？

上學第一天的下課時間，我在遊樂場上緊張地想重新開始，不要再被排擠。有個名叫麥克的男孩走向我，推了我的肩膀一把，說：「滾回老家去吧，金屬米奇。」

我聽到其他孩子的笑聲時，右拳彷彿有了自己的意志，直直揮了出去。

我站著俯視躺在地上的麥克，不太確定到底誰的驚嚇程度比較高。

我犯了錯，沒有任何藉口，而我的心情很糟，覺得自己是個暴力的人。

但奇怪的是，這個行為效果非常好。

你是否曾經犯了錯，卻奇蹟似地得到好處？

麥克是學校惡名昭彰的霸凌者，是最剽悍的傢伙。

而我是把他打趴的「新來的」。

以前從未多看我一眼的孩子，現在都注意到我了，有些甚至想與我攀談！我在一天之內，就從邊緣人變成了守護者。

但我的新名聲也讓我付出代價。不久之後，就有個男孩為了證明自己的實力，而試圖教訓我。

我們都知道，英國人是很文明的。在這個國家裡，小孩子幾乎不會受到體罰。因此，一個新來的竟然能打敗兩個惡霸，並且受到體罰，也可以算是傳奇了。

幸運的是，我不曾再失控打人。

更幸運的是，我也不再被迫出手。

十二歲的我知道自己並不想成為打人的惡霸，但卻花了人生的一半，才學會嘲笑別人並不是交朋友的好方法。和拳頭比起來，或許言語傷人的速度更快，程度也更深。

我在英國的日子並不順遂，依然是頂著糟糕髮型、來自加拿大的書呆子。但我走路時稍微抬頭挺胸了一點，也有了一些和我稱兄道弟的朋友。

但我不可能一直待在英國。

我早晚要回到溫哥華。

而在溫哥華的舊識眼中，我是截然不同的樣子。

在繼續說下去之前，我得先澄清，我知道各位應該都有過差不多的經歷，也學過類似的教訓。事實上，你們的體悟或許比我還快、還深刻。

但有的時候，我們還是需要被提醒，需要好好記住這些教訓。

03

改頭換面，從頭開始

從舊金山到溫哥華，再到英國，然後是……香港？

「你也可以回溫哥華，和奶奶一起住。」

和回溫哥華相比，到一個連怎麼打招呼都不會的國家當個新來的要可怕多了。

「哈囉，奶奶。」

「哦，布萊恩，看到你真是太開心了！我好愛你！」接著，她的「祖母式擁抱」讓我幾乎吸不到氣。

擁抱過後，她緊握我的手，把我拉近，微笑著說：「孩子，我們得買些新衣服，再剪個新髮型。」

斯庫達默奶奶可以說徹底地改變了我的人生。

我猜**每個人的一生中都有這樣的貴人：喜歡你真實的樣子，而不是你做過的事**。深深愛著你，願意幫你克服盲點。

離開美髮院時，我從裡到外都完全不一樣了。我在鏡中看到的自己，完全顛覆了心中原本的自我形象。

自我形象對一個人影響至深。

想當然耳，對學校的孩子來說，我已經不是一年半前離開溫哥華的那個布萊恩。而我很幸運地，在離開的十八個月中得到足夠的智慧，能游刃有餘地面對。新的布萊恩抬頭挺胸，說話帶著英國腔，而且很好相處，完全不像十八個月前逃走時那樣愛逞口舌之快，內心不安而傷痕累累。

或許可以說是時勢造英雄，我不確定在英國時，假如我任憑麥克的欺侮擺布，又會變成什麼樣子。

而英國的朋友也改變了我對自己的看法。和他們相處時，我學到應該讓對方感到安心，鼓勵對方，讓他們覺得自己很特別。

然而，是奶奶讓一切更錦上添花。她看見我真實的樣子，並且愛著這樣的我。愛達．斯庫達默幫助我克服了自己的弱點。

我會永遠感激奶奶對我的愛與支持，她幫助我超越自己的不安和自憐自傷。如今，無論我身在何方，總是懷抱著這份感激，而這影響了我人生的每個層面。我的人生是因為奶奶向我展現的愛而展開。

感恩帶來的力量足以改變人生。

曾經有人對你伸出援手嗎？是老師？教練？鄰居？朋友或家人？社工？記住這些深深在乎你，在你無力自助時，仍對你伸出援手的人。他們看見你真實的樣貌，並愛著這樣的你。

他們是否還在你身邊？你是否還能聯絡上這些人，看著他們的雙眼，並且說聲「謝謝」？

如果答案是肯定的，你很幸運還擁有這樣的機會。

04

兩次退學

當我拿到聖誕節的禮金時，老爸總會說：「你得給這些好人寫張感謝卡，告訴他們你會存起來當大學基金。」

但我並沒有為了讀大學而把錢存起來，而是花錢換取經驗。我會買一箱箱的糖果，在宿舍販賣，並賺取高額利潤。我會投資珍貴的冰球球員卡，並高價賣出。

你記得美國詩人羅伯．佛洛斯特（*Robert Frost*）寫的〈未行之路〉（*The Road Not Taken*）嗎？你或許還記得，結尾是這樣的：

多年之後，在某處
我會喟然而嘆，幽幽敘述：
林中有兩條岔路，而我——
選了那條人跡罕至的路，
從此人生截然不同。

你會選擇人跡罕至的道路嗎？我也會。

而我選擇的道路之一，就是沒有讀完高中。我確實唸完十二年級，但卻沒能畢業。這著實讓我有些措手不及。

事情是這樣發生的：我們學校的委員會決定不依循傳統，找D

J辦理盛大的畢業派對，而是租借美麗古典的奧芬劇院，每個畢業生都得優雅地走上舞台，背脊挺直，抬頭挺胸，散發出高貴出眾的氣質。

總之大概是這樣。

所以我西裝筆挺地出席，也走上舞台。但當我打開理應放著畢業證書的紙筒時，裡面卻只有一張十二年級的結業證明。上面沒有說畢業兩個字，只說我有出席學校課程。

我記得自己剛開始還覺得有點酷：沒錯，這是條很少人選擇的路，我是在場唯一沒畢業的！但接著，我醒悟到我的好朋友都畢業了，他們都要去讀大學，而我卻沒有。我覺得自己被排擠了，就像小學那時一樣。

同時，腦海裡跳出另一個比較成熟有智慧的我卻說：「無法畢業的理由，是你翹了課，和朋友跑出去喝酒。你或許選擇了人跡罕至的道路，但這不是個好的選擇。」

你是否做過不好的選擇呢？每個人多少都有過這樣的經驗。預知未來很難，事後諸葛卻很簡單。回首過去，我們都能看得一清二楚；但站在十字路口時，兩條路看起來卻同樣吸引人。

你是否注意到，**人生中最艱難的抉擇，往往是兩個選項都很吸引人的時候？**自由是好事，但責任也是，而兩者出現在交岔路時，總是令我們左右為難。在過去，我總是選擇自由。

然而，比較成熟有智慧的我，決定負起責任。即使高中沒畢業，也沒錢付學費，我還是得想想怎麼進大學。

第一步：我到註冊組說：「聽著，我知道我還差一門課，但我可以的。我夠聰明，請給我一個機會。」

賓果，我錄取了。

第二步：當我在麥當勞得來速注意到前面的小貨車時，就領悟到該如何賺取學費。貨車的車身兩側用噴漆寫著「馬克搬運」以及電話號碼。我告訴自己：「這我也做得到。」

我的計畫是努力清運垃圾，賺到足夠的錢支付一年學費。很簡單的計畫，沒什麼特別之處。

但不到兩個星期，我的車就拋錨了。創業的興奮本來使我腎上腺素狂飆，但收到根本無法支付的巨額帳單後，我幾乎一蹶不振。許多方面來說，這都是我創業的第一道試煉，而我得設法重新振作，繼續按照計畫前進。

因此，我吞下這筆意料之外的損失，並繼續努力。

我沒錢刊登廣告，所以決定靠新聞媒體來打開知名度。

我的女友麗莎建議說：「可以從這個角度切入：**找不到暑期打工機會的話，就自己創造吧**。」

我說：「酷喔。」接著翻開電話簿，打給溫哥華地區最大的新聞媒體之一的《溫哥華省報》，說：「**我有個很棒的故事**。」

他們回覆：「喔，是什麼？」我的熱情吸引了對方，讓他們願意聽下去。

我說：「我發現這裡夏季的就業市場緊繃，所以就自己創業。我開了一間垃圾清運公司，叫『垃圾男孩』，電話是738-JUNK，經營得很順利。」

他們說：「恭喜！」並且派了記者和攝影師來。隔天，我們上頭版了！

我在一夕之間成了大明星，電話響個不停。公車司機只要看到我們開車經過，就會揮舞這份報紙。我的世界徹底改變，就在彈指之間，一切否極泰來。

至今，我仍把頭版報紙裱框掛在辦公室的牆壁上。

幾個月以後，我離開了當初接受我入學的專科學校，因為我受不了了。這不是我該待的地方，我很清楚。

我的內心渴望體驗加拿大其他地方和魁北克的多元文化，於是前往蒙特婁，在那裡念了兩間學校，都表現得很出色。

我終於能夠回到溫哥華，並進入門檻極高的英屬哥倫比亞大學。「好的，現在我進來了。我可以在這裡取得學位，一切都將水到渠成。」

我在四年內讀了四間學校，全都是靠著每年夏天開著破舊的福特貨卡清運垃圾，而這台車則是花了我畢生存款七百美元買的。

我想，**重要的是能在工作中得到樂趣**。

我還記得某天接到任務，要從破產的食用蝸牛進口公司清運堆積如山的蝸牛殼。我們把貨卡堆到快滿出來，但客戶說：「拜託，老兄，你們可以塞更多。」

客人永遠是對的。所以我們倒車停在建築物旁，跑上樓梯，從二樓的窗戶跳到卡車上擠爆蝸牛殼，感覺就像跳到一堆落葉裡。我們不斷爬樓梯，大叫著：「呀呼！」大笑著直到喘不過氣來。我們最終多堆了一噸重的蝸牛殼，不但玩得很開心，也讓客戶非常滿意。

這就是我當時的人生，非常美好的人生。

每天大學上課之前，我就會去見顧客，安排清運時間，也和我的員工聊天，幫他們解決問題，然後再開車到城市另一端受教育。

事實是，和教科書與學校課程相比，經營自己的事業反而能讓我學到更多的商業經營。在組織行為學的課堂上，教授對我說：「我知道你經營了『垃圾男孩』這間公司，想請你為同學報告分享一下。」於是開始了一連串的驚奇。

所有的教授都知道我開公司，倒不是因為我告訴他們，而是因為我帶著一隻摩托羅拉的手機，差不多和一條吐司一樣大，比水泥磚還要重。當時沒有震動模式，也沒辦法調成靜音。有時候，手機會在課堂上響起，我必須衝出去接聽，因為我雇用來在我上課時幫忙的朋友不一定能獨當一面。我會在下課時向教授道歉，解釋接電話的必要性。他們似乎都能同情我，這麼多學生裡有人為了上課拚命工作，大概也讓他們感到很自豪。

我在組織行為學的課堂進行報告，回答了一大堆問題，也得到熱情的回饋。大家似乎都喜歡聽我說創業的故事，也受到我勇於面對挑戰的鼓舞。當下，我的腦中浮現一個聲音：「我在這裡其實學不到太多東西。事實上，我是教導的一方。」

這是一九九三年的事。

我和父親好好坐下，試著向面對報紙記者那樣談話。我說：「爸，我有個好消息要告訴你。」然後帶著大大的笑容，試著很正面地說：「我要退學了。」

他安靜了一陣子，看起來有點困惑，然後說：「要當全職撿垃圾的？」我充滿自信地點頭。他緩緩地搖頭，輕聲說：「你在開玩笑吧？」

我的老爸是個成功的肝臟移植外科醫生，曾經靠著在工地揮動槌子努力賺錢念完大學。面對挑戰，他連眼睛都不眨一下，也從不動搖退縮。他拚盡全力衝過終點線，並且功成名就。

而我卻不同，準備要為了賺幾塊錢而放棄接受教育，想從經驗中學習，並且展開冒險之旅。

「我的大兒子要從大學退學，全職撿垃圾？我到底哪一步做錯了？」

05 畢業以後

雖然我高中和大學都沒有畢業，但我自詡已經取得了社會大學的榮譽學位。

這大學的期末考只有一道問題：「自信和自傲差別在哪？」答案是：**結果。假如結果是好的，人們會說你勇敢有氣魄，充滿信心；但假如結果很淒慘，人們就會說你太過驕傲自滿，因而付出代價。**

我的學位雖然是想像的，但社會大學再真實不過。我小時候是班上的搗蛋分子，結果並不好過，但長大以後就不是這樣了。

現今，當個秩序的擾亂者是件好事。

我擾亂了垃圾清運產業的現況，用專業和客戶服務，創造出足以令人引以為傲的職涯。但這並不容易，我有時會在岔路轉錯彎，必須回頭重新選擇。

曾經有人告誡你不該走回頭路嗎？我聽過很多次，而我大概知道他們想表達的是什麼，但根據我的經驗，**唯有回到犯錯的地方重新開始，我們才能真正從錯誤中學習**。

我不喜歡大學的樣子，反而喜歡從卡車窗戶看出去的景色，喜歡愉快地清運垃圾，也帶給其他人快樂。

我在蒙特婁法語夏令營認識了好友傑克·普拉斯科，並讓他成

成功思維 1

當你順著原來選擇的路，卻不喜歡沿途的風景，就回頭重新抉擇。

When you follow a fork and don't like the scenery, double back and take the other fork.

為我的創業夥伴，但他並沒有一顆創業家的心。

為什麼有這麼多的創業家，會在需要導師的時候，卻覺得自己缺的是夥伴？

聽著，**當你覺得自己彷彿迷失在森林中，需要獲得幫助才能讓事業更上一層樓時，請不要尋找生意夥伴。你需要的是已經成功穿越森林的導師，他們才會知道離開黑暗的密徑，帶領你走入陽光。**

有太多時候，夥伴只是陪你一起迷失在森林裡的人。

真正的夥伴應該要有創業家的心，能和你心意相通。

很快的，傑克和我已經擁有三輛卡車，但我一直覺得有些不對勁，所以將我給他的半個公司重新買回。我給他的錢遠超過我們一起賺進的利潤，而理由很簡單：我對公司的願景比他更高，所以願意花比他更多錢買下他所擁有的部分。

不久之後，我擁有了五輛卡車和十一名員工，收益高達五十萬美元。二十四歲時，我就買了自己的房子。外表看來，我如日中天；事實上，我卻被壓得喘不過氣來，對上班感到憎惡。我對垃圾清運懷抱的夢想願景，和現在經營的公司完全不同。

當我開始思考為什麼工作不再有樂趣時，我突然明白了答案其實很簡單：我不喜歡和自己的員工相處，而他們大概對我也不太有好感。這樣的環境是有害的，而團隊的成員們不相信我的願景，也無法融入我試圖打造的企業文化。

決定要開除全部十一名員工的那天，是我人生中最可怕的日子之一。這意味著我必須承認自己領導無方，在請他們打包走人時，我這麼告訴他們。這也意味著在重建的幾個月中，我得孤軍奮戰。但當時的我很清楚，**和對的人共事比什麼都還重要**。從此以後，「**符**

合企業文化」便成了我在人事選擇中無法妥協的部分。

傑森．史密斯是我僱用的新人之一，至今仍是我的好友。他起初為我開卡車，而後也坐了一陣子辦公桌，我們公司預約和分派的應用程式「垃圾網（JunkNet）」就是由他構思。垃圾網是他給我們的一份大禮（順道一提，也是這類型應用程式的先驅），而他的收穫則是發現了自己的創業之魂：內心的聲音告訴他，要成為一位創造者。

而傑森對於失敗也有了新的認識，了解到如何接受它，從中學習，運用新的知識成功。他於是自己創立了一間科技公司，後來更以數百萬美元賣出。

戴夫．洛德維克則帶來了另一股新的動力。

他一開始也駕駛卡車，領的是時薪，而後慢慢晉升成為管理階級。當他想要買下我們「1-800-GOT-JUNK?」的分公司時，我們還沒準備好。但戴夫跟傑森一樣，已經學會成為創業者。因此，他離開我們公司，創立了一間賣滑雪服裝的公司，產品如今暢銷全美。戴夫、傑森和我到現在還時常聚在一起。

傑森．史密斯、戴夫．洛德維克是我們「創業文化」的奠基者。當企業組織的每個成員都覺得能獨當一面時，你會知道自己已經打造出創業的文化。

情況已經好轉許多，但我還是覺得少了什麼。

我選擇了「夥伴」這條岔路，但不喜歡沿途的景色，於是決定回過頭去，選擇另一條名為「導師」的道路。

我的救星是青年企業家組織（Young Entrepreneur's Organization）的成員們。你大概得每年獲利超過一百萬美元才能加入這個組織。我還記得自己告訴他們：「我現在離百萬還有點距離。」而他們說：「我們欣賞你，所以你夠接近了。而且我們相信你一定到得了。」

他們張開雙臂歡迎我，並告訴我該如何讓事業更上層樓。

於是，我開始參與創業者的聚會，成員們的事業價值可能高達千萬、兩千萬，甚至上億。而我不斷想著：「看看我卑微的垃圾清運公司，一年甚至賺不到百萬。」我覺得自己的資本不夠，視野不足，沒辦法到達我的目標。我甚至不確定自己到底知不知道目標是什麼了。

因此，我獨自來到父母在海邊的小屋，希望能釐清哪裡做錯了。

我接下來要說的事非常重要。現在想想，這或許是我做過對未來影響最深遠的事了。

在小屋漫無目的地晃了一陣子後，我坐在陽台上，想著：「現在，我被困在這沒有出口的迴圈，但這和我的風格不符合，我是個樂觀的人。」

我拿出一張紙，大聲說：「好的，如果沒有任何阻礙的話，可能會怎麼發展？公司在五年後會變成怎樣？不要去想資金不足、教育不足，也別想著自己犯過的錯，勇敢去做夢吧！」

於是，我用文字繪畫出最快樂的未來藍圖，寫滿了白紙的兩面。

第一句是這樣的：「我們在年底，會進軍北美的三十個大都市。」

我想，「三十」這個數字一直在我腦中，因為我知道北美有三十個比溫哥華更大的城市。假如我的垃圾清運事業在溫哥華能有所成就，在其他大都市也沒有失敗的理由，不是嗎？

我繼續想像著：

「我們會登上《歐普拉秀》（*The Oprah Winfrey Show*）。」

「我們會成為垃圾清運界的聯邦快遞。」

「乾淨、閃閃發亮的卡車。」

「準時的服務。」

「最好的評價。」

「友善、穿著制服的司機。」

卡車司機在敲客戶家大門時，總是會面帶微笑！

而開門的客戶也會露出笑容！

司機會非常有禮貌，態度友善，提供客戶需要的幫助。

在清單上還有許多項目，都是想像時會令我既自豪又快樂的。

我的「理想未來藍圖」上的具體細節其實並不重要。重要的是你的藍圖上有些什麼。

你希望自己的未來是何種樣貌？你是否有足夠的勇氣和瘋狂，在還不知道施行方式時，就勇敢作夢？你是否願意在白紙上用文字描繪出未來的景象，寫下所有希望成真的細節？

當我開始閱讀自己寫下的內容時，內心就從絕望的迴圈跳脫，想著：「天啊，我可以預見這樣的事成真！」

我的藍圖有上千個字，讓我清晰而鮮明地看見自己的理想，並不是「我希望這麼做」，或「我要試著這樣做」。

我看著那張紙，說道：「我會這麼做。」

當你在內心預見自己理想的未來，並且在紙上付諸文字，一切似乎就不再那麼遙不可及。

成功思維 2

從下定決心的那一刻起，

整個宇宙都會聯合起來幫助你。

At the moment of commitment, the universe conspires to assist you.

「從下定決心的那一刻起，

整個宇宙都會聯合起來幫助你。」——愛默生

說這句話的人已經過世了幾百年，但人們至今仍引用他的話。不過真正令我感興趣的，是他接著說的：「無論你能做什麼，或是夢想做什麼，都開始吧。大膽就是天賦、能量和魔力的代名詞。現在就開始吧。」

如果想找尋內心最炙烈燃燒的夢想，足以穿透黑暗，點亮未來的道路，其中的祕密就是：

別擔心該怎麼讓夢想成真。

成功思維 3

別擔心該怎麼讓夢想成真。

Don't worry about how you're going to make it happen.

因為在那之後，你會有很多時間來想出辦法。但首先，你得先點燃內心的火焰，關掉腦中的邏輯，不讓它蠱惑你放棄未來的願景。

「你怎麼可能做得到？你知道這是不可能的。你沒有那種能力。不要再作白日夢了。你以為你是誰？你這樣注定會失望的。」

每個人腦中都會有這些聲音，別讓這成為你遠大前程的障礙。

在海邊小屋裡還有另一件改變我人生的事：我從頭到尾讀完了麥克．葛伯的《創業這條路：掌握成功關鍵，勇闖創業路必須知道的「方法」與「心法」！》。這本書徹底顛覆了我的想法，讓我在讀完第一遍後，立刻又讀了第二遍。

離開海邊小屋時，我覺得自己彷彿在世界的頂點。我發現自己不快樂的原因，也知道該怎麼解決。

從麥克的書裡，我學到許多，其中之一：**人不會失敗，但系統會**；我必須以加盟的方式經營自己的事業，因為加盟可以靠著系統成功。

我需要的是系統。

在跌跌撞撞的過程中，我經歷了許多成功和失敗，最終發展了正確的系統，於是一切開始逐步好轉。

謝謝你，麥克。

06 尋找對的人

我將海邊小屋寫的那張紙放在口袋裡，不斷提醒自己要尋找隨時帶著快樂的人。這樣的人喜歡聊天，喜歡彼此的陪伴。畢竟，你知道的，這份工作不只是清運垃圾，同時也是享受開著卡車在城市中穿梭，並且帶給別人快樂。

清楚了解到自己需要的員工類型後，我終於能找到並雇用理想中的歡樂冒險團隊。他們絕對是最正確的人選。

你知道嗎？**對的人似乎總是認識更多對的人**，他們時常會帶著他們的室友或朋友一起加入，使整個團隊的氣氛都不同了，變得快樂、渴求、努力、實踐。

我一直以來追尋的，都是創業之魂。我希望身邊的人都能看見各種可能性，並且帶著勇氣、信心和瘋狂去追求。於是，我讓自己的周遭圍繞著快樂（happy）、渴求（hungry）、努力（hardworking）、實踐（hands-on）的人，我稱之為「4Hs」的人。

而後，我帶著核心的五個夥伴回到海邊的小屋，其中一位名字叫傑西．克爾森。傑西有著創業家之心，而我永遠忘不了在幾年以後，他和尼克．伍德出去玩時，一起去刺了公司名「1-800-GOT-JUNK?」的刺青。

他們當時甚至沒喝半點酒。

傑西和尼克決定把我的公司當成他們自己的。

這就是企業成功所需要的人才，傑西和尼克正是你會需要的員工類型。

我在吉姆．柯林的《從A到A+》中讀到，每間公司都會有一套價值，而價值的溝通非常重要。

我告訴五人小組這個概念：「吉姆．柯林說，你的價值就是你這個人，而不是你希望成為的樣子。你或許誠實，或許不誠實；或許珍惜友誼，或許不在乎。重點不在我們眼中的自己，而是我們公司真實的模樣。所以，我們的價值是什麼？」

接著，我發下一疊便利貼，說：「寫下能真實形容我們的詞，一張便利貼寫一個就好。」面對大海的窗戶成了貼便利貼的布告板，我們一共貼了四百張。

我說：「現在，開始分門別類吧。」

假如有相似的兩個詞，就放在一起。很快的，我們就有了好幾堆的便利貼。一個小時之內，幾乎每張便利貼都可以歸類在四大項目：

- 熱情（Passion）
- 正直（Integrity）
- 專業（Professionalism）
- 同理心（Empathy）

我們笑著說：「這就是我們的樣子，」每個人都同意了，再清楚不過，「我們的價值就是『專、情、正、心』（PIPE）。」

而我也對自己承諾，永遠不會雇用沒有這四項特質的人。

我希望找到更多的傑西和尼克。

07

是死對頭，還是朋友

我想特別一提的，還有保羅．蓋伊。

我透過青年企業家組織論壇的卡麥隆．哈羅德認識了保羅。卡麥隆是「大學專業畫家」（College Pro Painters）的高層，我很景仰這間公司，他們的加盟商會雇用大學生來粉刷房子，假如一切照規定流程進行，就能創造三贏的結果——大學生賺到足夠的學費，房子的主人有了美麗的粉刷，而加盟商也能有不錯的收入。

第一次討論加盟時，卡麥隆說：「你想認識有加盟經驗的人，幫助你實現想法嗎？那你一定要認識保羅．蓋伊，你需要他這樣的人來發展出事業的原型。」

我認識保羅，雇用了他，並且合作了許多年。我們最初的想法是雇用大學生，就像「大學專業畫家」的模式。但保羅和我時常意見不合，他會挑戰我的決策，甚至是針對我個人，為反對而反對。我們持續針鋒相對，而學生加盟的方式成效也不太好。我們開始考慮全職的專業加盟模式。因為過程中充滿不確定性，我當時的壓力很大。

保羅的辦公室在我的正對面，而敵對的情勢不斷升溫。我已經不記得最後一根稻草是什麼了。有一天我走進保羅的辦公室，準備好和他攤牌，就像兩頭憤怒的公牛那樣，想用牛角將對方推下山頂。

我說：「聽著，我覺得不能再這樣下去了。」

他說：「是嗎？」

「對，沒錯。」

「那你想怎麼做？」

我說：「我覺得該結束了。」

「你是在告訴我，我被開除了？」

「是的，你被開除了。」

「你希望我什麼時候離開？」

「現在就走如何？」

保羅說：「沒問題。」

我那天就這麼離開辦公室。

但保羅就像沒事一樣，繼續來上班！這樣很怪，所以我一直迴避他。他並不想離開這裡，更沒辦法拋下他手下加盟的大學生，所以還是每天都進公司。到了第三天的尾聲，我走進他的辦公室，說：「保羅，我知道你都會回多倫多看女朋友妮可（現在已經是他妻子了），你想不想搬回去，經營第一間全職專業的 1-800-GOT-JUNK? 加盟店？」

他看著我，笑了。

我也笑了。

在這瞬間，我們都覺得充滿可能性。

我從不曾懷疑過保羅的熱情、正直、專業和同理心。讓我無法忍受的是，他的溝通方式和我天差地別。在那神奇的時刻，我還記得自己想著：「我三天前開除了這個人，而他拒絕離開。」這讓我有點佩服他。

保羅打斷我的思考，說：「沒問題，就這麼辦吧。」

經營第一間加盟店這個想法，讓我和保羅產生了連結。接下來的幾天中，我們不斷討論著。兩年累積的挫折和焦慮煙消雲散，我們成了很親近的朋友。

你曾經和死對頭變成朋友嗎？我猜答案是肯定的。

大家應該都玩過磁鐵，如果把兩顆磁鐵的同極相對，就會互相排斥；但若用相反的方式排放──叮咚！兩個就變得密不可分。

強烈情緒的相反是漠不關心。

保羅和我從不會對彼此漠然，我們之間總有著強烈的情緒連結。一開始是負面的情緒，但很快地轉為正面，幾乎就像是有人按了什麼開關。

開關上標示著「可能性」三個字。

我之所以分享這些，是因為**有很大的可能性，最厭惡的死對頭和最強力可靠的盟友之間只有一線之隔，而那條線就是可能性。**只需要把強烈的情緒轉化為共同的未來願景就好。

成功思維 4

「可能性」是每一場冒險的起點。

Possibilities are the beginning of every adventure.

當保羅成了第一位專業全職的 1-800-GOT-JUNK? 加盟主以後，他訂了一輛新的垃圾車，和我使用的車完全一樣，並且加上了公司的標誌。接著，他把全部的家當都丟進車後，朝多倫多開去。

他這輩子的所有財產，他真的把一切都投下去了。

第二天一大早，保羅就展開他偉大的冒險，開著垃圾車從溫哥華到多倫多，這差不多是加拿大版的從洛杉磯到紐約。這是全新旅程的起點，假如在電影裡，大概就是開始播主題曲的部分。

主題曲結束的地方，則是保羅在溫哥華西部大約一百六十公尺的亞伯斯福打給我。「我弄丟了所有放在車後的行銷素材。」車後的防水布沒有固定好，所以被風吹走了。

我為什麼要告訴你這個？

我之所以說這個有些丟臉的真實故事，是因為遲早你也會做出

成功思維 5

冒險時，

你或許會希望自己安全待在家就好；

但當你安全地待在家裡，

卻會希望自己出外冒險。

When you're having an adventure,
you wish you were safe at home.
But when you're safe at home,
you wish you were having an adventure.

一些令你無地自容的事，會讓你想狠狠敲自己的頭。即使如此，也不要從此一蹶不振、妄自菲薄，因為這樣的時刻，也是每一場冒險中必經的部分。

或許你曾這麼告訴自己：「這可能沒有我想像的那麼好……」這正是冒險已經展開的象徵！

而沒固定好的防水布還不是我們犯過最大的錯誤。

一九九九年五月二十九日，電話響了，我接起來時聽見保羅的聲音：「我開車穿越整個加拿大，把我和我哥的錢全部投注下去，想在多倫多經營垃圾清運，卻發現多倫多市政府會免費清運任何東西！」

狠狠敲自己的腦袋。

我很慶幸保羅看不見我的臉，因為我嚇壞了。但保羅不需要知道這個，他需要的是我的支持和鼓勵，需要我陪他撐過去。所以我說：「保羅，一切都會沒事的。我很確定一定有解決的方式，出門努力宣傳吧。你要相信我們會成功，有點信心，我們一起拚下去。」

如果給予欠缺的人豐盛，你就豐富了他們的生命。
如果給予膽怯的人勇氣，你就使他們變得勇敢。

我們後來發現，多倫多的市民其實不知道該打給誰，才能叫市政府來清運垃圾，而且也有許多相關的規定或限制。舉例來說，他們不會走進你的家裡、地下室、車庫或院子來搬東西，你得把所有東西整整齊齊堆在人行道上，還要為清運團隊準備布朗尼蛋糕。

好啦，布朗尼是我編的。

我有提到保羅現在每個月在多倫多的清運量高達上千車嗎？沒錯，每個月。而這個成果所需要的只是乾淨閃亮的卡車、友善的制服團隊，以及真誠完善的清運服務而已。「我們任憑差遣，無論是爬上閣樓、鑽進地下室，或是在倉庫裡搜尋，都沒有問題。你只需要下指令就好。」

保羅冒險的過程中，也曾經一度覺得自己犯下人生最大的錯誤。「到底為什麼我在溫哥華的時候，不打個電話問問，就會知道多倫多市政府免費幫市民清運垃圾了？打通電話根本不費吹灰之力啊。」

感謝老天，保羅沒有打這通電話，否則他的火焰會熄滅，希望會消失，更不可能每個月清運上千車的垃圾了。

保羅．蓋伊證明了專業的垃圾清運服務絕對不只在溫哥華適用，也證明了長期投入的加盟夥伴是我們成功的關鍵。

大學生不是我們要找的答案。

此刻，我們所需要的，只剩下知道「如何上緊發條，讓齒輪順利運轉」的執行長了。

08

當硝基遇上甘油的爆發力

加入青年企業家組織後，卡麥隆．哈洛德成為我重要的導師。但我清楚記得，自己某天說出一句不經大腦的看法，而他哈哈大笑，並說：「布萊恩，我絕對不會在你手下工作。」

保羅和我在多倫多與溫哥華的年營收略低於兩百萬美元，於是我打給卡麥隆，說：「真的很感謝你介紹保羅給我，所以現在我希望你能過來，幫我升級加盟的系統。你幫了博伊汽車，也幫助『大學專業畫家』創造奇蹟。卡麥隆，我需要你的幫助。」我的目標是找到兩百五十個加盟夥伴，並且在二〇〇六年底達到一億美元的總營收。

他說：「好的，我可以去幫你，收費是一小時七十五元，但這只是暫時的。」

在接下來三個星期中，我們合作得非常愉快，而且大有斬獲，他說：「還記得我說永遠不會為你工作嗎？」

「記得一清二楚。」

「我改變心意了。」

我是卡麥隆婚禮上的伴郎，而他現在是我公司的營運長。但我不會忘記在第一次合夥關係中學到的教訓，所以總是和他保持密切聯繫。

這並不容易，因為他和我感情很好。他和我對公司投入的感情同樣深厚，為公司鞠躬盡瘁，從不脫下公司的藍綠色背心。

我們在一起很危險。

非常危險。

第5章時，我們就談過未來藍圖的重要性，現在就讓我舉個例子來說明藍圖可能是什麼樣子。

你一定注意到，藍圖會用陳述既定事實的方式來描寫未來，彷彿一切都已經發生。例如，我們可以說「1-800-GOT-JUNK？是北美家喻戶曉的垃圾清運公司」，但事實上，我們的範圍只在溫哥華、多倫多和幾個城市而已。

使用「現在」的時態來陳述，可以確切地幫助我們告訴自己的大腦，未來到底會是什麼樣子，一旦我們的行動偏離了目標，大腦就能很快地提出警訊。

我們每四年都會重新畫一次藍圖。

而這是格外重要的一次，所以我會原原本本、一字一句地和你分享。

願景

1-800-GOT-JUNK? 的願景是領導與成長。我們在一九九八年訂定短期目標，要在二〇〇三年結束時進軍北美三十大城市。

接下來的願景，也就是未來的藍圖，是對二〇〇三年結束後目標的具體描述：1-800-GOT-JUNK? 將成為北美家喻戶曉的垃圾清運事業，我們會收任何市政府拒絕清運的垃圾。

營運範圍

1-800-GOT-JUNK? 將在北美前三十大的都市營運，共有一百一十八個加盟商。

管控成長

我們的追蹤系統顯示，客戶很欣賞我們竭力提供準時和高品質的服務，從預約、提醒、報價到整理，和我們的溝通過程總是井井有條。我們超過一半的客戶都是回頭客，也有許多是透過口耳相傳，成為世界公認的垃圾清運龍頭廠商。

公司的節奏就像碼錶一樣簡潔明確，報告容易閱讀和理解，加盟商會得到清楚的分析，知道哪些策略成功，哪些效果不彰；哪些部分獲利，哪些部分尚待加強；以及該在何時何處發揮創造力。

形象

▼我們的形象優良，任何與我們接觸的人（客戶、團隊成員、媒體和投資人）都會注意到我們光鮮亮麗的卡車、乾淨專業的制服等，令人印象深刻的元素。

媒體

▼媒體幫助我們每年創造九成的成長率。我們的故事透過路透社、美聯社等媒體，傳遍整個北美洲。

系統

適合的系統被認為是企業成長的關鍵，我們努力將公司所有元素都系統化，也證實會帶來效率與獲利。我們的徵才聘僱系統能吸引最棒的人才。我們的系統和形象也成功吸引優秀的團隊成員，能以我們的目標和任務為傲。

培訓與指導

1-800-GOT-JUNK？教育並鼓勵旗下員工發揮創造力。我們有全面的培訓系統和材料，企業團隊成員和加盟商都能得到完整持續的培訓。加盟商的團隊成員也會受到同樣仔細的培訓。

支援中心

客戶服務中心充滿振奮的氛圍，步調快速，第一線的團隊成員個個精力充沛。每個加盟夥伴都有專門的技術支援代表，監督加盟夥伴的經營管理。中心會彙整所有的電話、傳真和網路訂單，分派給各個區域的負責專員。如此一來，客戶就能得到往往只有小型公司才能提供的個別化服務。

諮詢委員會

▼我們有諮詢委員會負責記錄並幫助我們保持正確的發展方向。團隊的每位成員都有自己的導師，可以向對方諮詢求助。

二〇〇三年以後

▼二〇〇三年尾聲時，我們的中期目標如下：擁有兩百五十位加盟夥伴，總體收入在二〇〇六年底達到一億美元。

而這張藍圖成真了！

卡麥隆．哈洛德幫助我畫出藍圖，更幫助我將理想化為現實。你注意到我們的中期理想是在二〇〇六年底達到一億美元嗎？我們甚至超越了這個目標。

卡麥隆．哈洛德在短短的七年間，就幫助我們公司的營收由不到兩百萬成長到超過一億，可以說是最稱職的營運長，也來得正是時候。

09 熱情的感染力

初次認識湯姆・利普馬時，他才二十九歲。那時 1-800-GOT-JUNK? 登上《獲利》雜誌的封面（這就像加拿大版的《財富》雜誌），而湯姆讀了報導，打電話來說：「我會到溫哥華一陣子，想和你見個面。」

我們一見如故。我知道他是個很棒的人，而他想在家鄉卡爾加里經營加盟店。就在協議接近完成時，他打電話給我說：「我有個好朋友發生了嚴重的獨木舟意外，他還在醫院裡，所以我需要延期一段時間。」

湯姆需要盡朋友的本分。而後，他搬到舊金山，在一間醫療用品公司得到很大的成就。但他仍持續觀望我們，追蹤我們的成功，並為我們感到開心。有一天，他又打電話給我：「聽著，我雖然是這間舊金山公司最頂尖的員工，但我不喜歡自己的工作。我想把你的公司帶到舊金山，你覺得如何？」

湯姆確實帶領公司進軍舊金山，而且非常成功。我常會想，假如湯姆選擇參選舊金山市長，一定會高票當選。

但他的工作這麼快樂，他怎麼會想參選呢？

傑森．史密斯、戴夫．洛德維克、保羅．蓋伊、卡麥隆．哈洛德、湯姆．利普馬，這些都是脫胎換骨的 1-800-GOT-JUNK? 的核心靈魂人物。他們快樂、渴求、努力、實踐，有著創業家的心。有時候，擁有創業家之心的人不一定要擁有自己的事業。

登上《溫哥華省報》的頭版，給了我們相當大的勇氣去打給《報導》節目（加拿大版的《六十分鐘時事雜誌》），說：「我們有個精彩的故事！」

於是他們派來記者和攝影師，而我們登上了全國性的黃金時段電視節目：「溫哥華夏季的就業市場緊繃，於是如此這般……」

二〇〇二年時，我們創立公關部門，成員只有一個人。

他的名字是泰勒・懷特，完全沒有任何經驗。

成功思維 6

不能只用電子郵件說你的故事。

拿起電話來，撥出去！

Never email your story pitch.
You've got to pick up the phone and call.

成功思維 7

不要根據現有的能力來評斷一個人，
要看他們如何發揮這些能力。

A person isn't measured by their current set of skills,
but by how effectively they use what they've got.

泰勒·懷特又高又瘦，彷彿有著用不完的精力。和他共處一室時，他散發的能量讓人無法忽視。因此，我和他分享獲得知名度的技巧，並且將我的目標託付給他：《歐普拉秀》。

《歐普拉秀》是我在海邊小屋所畫藍圖的一部分，因此，我在牆上貼上大大的「你能想像嗎？」海報。接下來的幾天內，每個經過的人都會問：「這是什麼意思？這是什麼意思？」

接著，趁沒人注意時，我又貼了一張：「你能想像登上《歐普拉秀》嗎？」並且在海報下的小桌子上留了一堆麥克筆。

很快地，洛瑞·巴奇歐拿筆寫下：「你能想像 1-800-GOT-JUNK? 進軍澳洲嗎？」四年之後，我們做到了。

我們常教小孩子不要在牆上塗鴉，但假如你希望大一點的孩子能分享光明的願景和可能性，或許你正需要一面牆和一些麥克筆。

人們會想出偉大又勇敢的點子，並且在下面簽上自己的名字。這就是像傑西和尼克這樣的人創造自己事業的方式。傑西和麥克就是在身上刺了 1-800-GOT-JUNK? 刺青的人。

我看著泰勒每天都站在那面牆前，讀著「你能想像登上《歐普拉秀》嗎？」的字句。他會緩緩地點頭，似乎可以聽見他在心裡說：「一定要讓這成真。」

接著，他會離開牆壁，站在自己的辦公桌前，戴上通話用的耳機，而耳機上則裝飾著波浪捲的藍色假髮。想像一下，他又高又瘦，鞋子得穿十六號半，卻帶著波浪捲的藍色假髮。而且不是海藍色，是會在黑暗中發光的那種螢光藍。

泰勒在說故事時總是站著，並且帶著藍色的假髮，讓自己進入狂熱狀態。他不斷地向美國各個城市和鄉鎮的媒體說我們的故事。

泰勒・懷特讓我們的故事得到了許多舞台。

有一天，泰勒在辦公室裡跑來跑去，歇斯底里地叫著：「我辦到了！我辦到了！」每個人都有點驚恐，多半擔心著：「發生什麼事了？泰勒瘋了嗎？」當他注意到大家困惑的眼神，他喊著：「歐普拉！歐普拉！我得到歐普拉了！」

我們都想：「這是真的嗎？真的發生了？」泰勒全身發著抖，輕聲說：「他們要我們明天早上六點到洛杉磯去。」

我們終於相信他了，開始歡呼慶祝。假如你現在把耳朵貼在我們公司的牆壁上，我打賭還是會聽到那天歡呼聲的回音。

泰勒宣告的「我得到歐普拉了」讓我們將信將疑，但當他說：「他們要我們明天早上六點到洛杉磯去。」我們都相信了。

成功思維 8

具體的細節總比一般性的描述更可信。

Specifics are always more believable than generalities.

接著有人說：「等等，你說我們明天早上六點就得到洛杉磯？」

泰勒的眼裡都是淚水，身體向前傾，雙手撐在膝蓋上，大口喘氣。他只能點點頭表示沒錯。

我們面面相覷，又一次浮現出完全相同的想法：「我們公司在洛杉磯又沒有車，而且溫哥華距離洛杉磯超過兩千公里。」

泰勒示意大家聚集到他身邊，喘過氣後說：「是的，他們希望我們到洛杉磯，有位女士的母親是囤積狂，他們希望拍攝我們在幫助她。她住的公寓很小，只有一間臥室，因為垃圾堆積太多甚至沒辦法睡在床上，太瘋狂了。」

我的大腦中理智的部分說：「即便我們此時此刻出發，也沒辦法在明天六點前到洛杉磯，把車子準備好。」但帶著藍色假髮的瘋狂部分說：「泰勒讓我們上歐普拉秀，我們一定要成功！」接著是：「打電話給舊金山的湯姆．利普馬，叫他立刻開幾輛車去洛杉磯。」

請聽從你大腦中「藍色假髮」的那部分。

我們跳上飛機，飛到洛杉磯，六點時和湯姆．利普馬與導播們會合，開始清理囤積狂女士的家。

接著，我受邀前往芝加哥，和歐普拉同台討論這件事，並播出囤積狂的錄影畫面。當歐普拉說出「布萊恩．斯庫達默」後，我等待已久的四分半鐘就開始了。

泰勒．懷特完成了不可能的任務後，公司裡的每個人都開始用全新的熱情，看著「你可以想像嗎？」那面牆。

10

找到那頂「藍色假髮」

如果要為這一章下個註腳，應該是：

「有時候，正確的事一開始看起來不太有道理。」

成功思維 9

有時候，正確的事一開始看起來不太有道理。

The right thing to do doesn't always make sense at first.

免費的媒體報導幫我們吸引了很多加盟夥伴，所以積極熱血的尼克．伍德就集合了六位夥伴，組成了加盟諮詢委員會，為我們提供意見回饋，反映公司策略中成功及待改善的部分。很快地，他們就強烈地開炮：「我們的生意成長太慢，需要更多專業的宣傳和行銷，而不只是游擊行銷。我們不能只靠免費的新聞故事來宣傳，必須要專業化。」

抱怨，抱怨，許許多多的抱怨鋪天蓋地而來。

我告訴團隊：「我們得做點什麼。」然後問委員會：「要在哪個城市引起注意最困難？在哪裡最難與眾不同？」

他們說：「賭城。要在拉斯維加斯顯得出眾是不太可能的。」

於是我說：「我們得在拉斯維加斯召開會議，討論該怎麼讓我們的品牌行銷更上一層樓。我們可以好好享受一下，然後脫穎而出。假如能在賭城做到，那麼在任何地方都能做到。」
不是開玩笑，我幾乎要開始唱起法蘭克．辛納屈（Frank Sinatra）的老歌：「我希望在不眠的城市醒來，發現自己成了山丘之王，在那至高點上。」
泰勒、我和一些夥伴想了個很瘋狂的點子，瘋狂到絕非任何人可以憑一己之力想出來。
我們一共有十個人，每個人都花三美元買了一頂藍色波浪捲的假髮，再花二十六美元買了印上「1-800-GOT-JUNK?」標誌的短袖上衣，然後搭上飛往拉斯維加斯的飛機。投資的總金額：兩百九十美元，再加上機票的錢。
到拉斯維加斯後，我們隨時都採取集體行動。

成功思維 10

一個人穿運動衫戴波浪捲假髮看起來就像瘋子，十個人一起做卻有了魔力。

One person wearing a bowling shirt and a curly blue wig is a nut. Ten people in bowling shirts and curly blue wigs are magic.

一個人穿運動衫戴波浪捲假髮看起來就像瘋子，十個人一起做卻有了魔力。

「你們是樂團嗎？」

「你們在舉辦單身派對？」

「你們是誰？」

「發生什麼事了？我是不是錯過什麼？」

我們決定漫步到硬石酒店，因為整棟建築物都閃著藍色的霓虹燈，而且每個人都穿著高級西裝，非常時尚俐落。

我們就像呆子一樣，看起來很廉價。

不到幾分鐘，我們就被好奇的人群包圍，想弄清楚到底發生什麼事。而人群聚集得越多，就會有人從越遠的地方被吸引來。

成功思維 11

沒有什麼比人群更能吸引人群的。

Nothing draws a crowd like a crowd.

我們帶了「1-800-GOT-JUNK?」的紋身貼紙和小噴漆瓶，開始在人們的手背上留下我們的標誌。如果沒有這標誌就不酷了。

我們只不過是十個快樂、友善、擁有共同願景的人，但每個人看我們的眼神，都像在看超級明星。簡言之，我們在拉斯維加斯成了眾所注目的焦點，有上千人得意地展示我們的標誌，而且有更多人希望得到我們的標誌。

我們向加盟夥伴也向自己展示了——游擊行銷無論在哪裡都能成功。

回到老家時，溫哥華的冰球隊「溫哥華加人隊」（Vancouver Canucks）久違地進入季後賽。因此，泰勒通知媒體，我們會發給每個進場觀戰的球迷一頂藍色的假髮，讓加人隊的球員們感受到我們的興奮和支持。

我們希望讓球場充滿藍色假髮之魂。於是泰勒打電話給北美洲各地的假髮商，希望買到更多的藍色假髮。我們的卡車載滿了超過兩千頂藍色假髮，開進加人隊的私人土地。我們不應該擅自闖入，但我們是去發送免費的假髮給亢奮的群眾，他們又能說什麼呢？

我們把假髮戴在人們頭上時，就像為英國女王加冕一樣。而人們戴上假髮的方式也一樣。一切就像拉斯維加斯的紋身貼紙事件，每個戴著假髮的人都引以為傲，而沒有假髮的人都想要來一頂。

當你看著全場擠滿上萬個觀眾，每三十人就有一人戴著螢光藍的假髮，整個觀眾席似乎都在發光。

我們又一次登上報紙頭版，照片有我們的卡車和大大的標誌與電話號碼。但更重大的故事，則是發生在比賽前的停車場上。

溫哥華前三大的新聞媒體在六點時出現，而我們的營運長卡麥

成功思維 12

事後得到原諒比事前取得許可容易。

It's easier to get forgiveness than permission.

隆和公關泰勒可以向觀看電視轉播的人解釋我們為什麼要發送藍色假髮。

每間電視台、廣播電台、報社和雜誌社都希望能湊一腳，泰勒和卡麥隆在活動全部結束之前，一共接受了六十家媒體的訪問。

接著，泰勒決定向消費者新聞與商業頻道（CNBC）宣傳我們的故事。麥克．賀吉德斯是電視台發掘新想法的人，我們都很喜歡他。於是，麥克來到我們公司，拍攝以我們為主角的專輯節目。

但泰勒並不因此而滿足，他決定再進一步。我們的故事特輯剪輯完成，播出時間表也確定後，泰勒寄了個大箱子給人在紐澤西的麥克．賀吉德斯，盒子裡是兩頂藍色假髮，和兩件我們的藍色外套。泰勒也不確定會發生什麼事，但他認為自己應該這麼做。

現場直播的節目播完我們的錄影畫面後，麥克．賀吉德斯站起身來，對主持人說：「看看這些人多麼棒！我收到這個箱子，打開一看，兩頂藍色假髮和兩件外套耶！」接著，他穿上外套，把另一件交給主持人穿。兩人都戴上假髮，節目則進入廣告時間。

成功思維 13

熱情是會傳染的。

Enthusiasm is contagious.

11 我為何努力？

寫到這裡，已經是二〇〇七年了，我不敢相信我們已經達成了這麼多夢想。我從沒想過自己會擁有這樣的公司，身邊圍繞著這麼多熱情的人。接著，我又得到了一個大驚喜：世界上最大的垃圾收集中心想要加入。

廢棄物管理（Waste Management）的人邀請我拜訪他們超級時髦的度假中心：一座私人島嶼，有很多豪華浮誇的東西，感覺就像進入富豪的世界。

我們一行三個人在船上，等著鮭魚來咬餌，其中一個大頭開口了：「我們想買下你們的公司。」

「這是非賣品。」

「我們願意出價七千五百萬到一億美元。」

這是試煉的時刻，平常把話說得好聽很容易，一定要到了這種關頭，你才會確定自己的真心。而我貫徹始終，傾聽自己內心的聲音：不要賣。

「你們的關注讓我們受寵若驚，能得到如此高的評價更是我們的榮幸，但我們才剛準備起飛而已。」

他們面面相覷，表情困惑，於是我繼續說：「1-800-GOT-JUNK?吸引了很多很棒的人加入，學習如何成為創業家、企業家和雇主。我們的動力一直在增加，代表團結的藍色假髮團隊在美國、加拿大和澳洲擴展。對我來說，沒有什麼比看著別人好好把握機會、全力以赴更快樂的。我很抱歉，各位，但我想保留我現在所擁有的。」

我得坦承，在離岸好幾公里的船上，身邊還有兩個垃圾公司的高層，拒絕之後的感覺如何呢？超級恐怖的。

12 噩耗

泰勒．懷特熱愛登山，我想這是他讓自己斷電的方式。

因此，當泰勒說要從溫哥華健行到惠斯勒時，雖然路途非常遙遠，大家也沒多想什麼。但過了一個星期後，他卻沒有回來，我們開始擔心了。大家腦力激盪：「如果是泰勒，會怎麼去找泰勒呢？」而答案就在眼前：泰勒會去找媒體，集合史無前例的搜救專家團隊，搭上直升機，用GoPro相機搜索那片八十平方公里的茂密森林。

搜尋泰勒的行動成了英屬哥倫比亞歷史上規模最浩大的一場，但我們唯一找到的，卻只有一個十六吋半的登山鞋腳印，或許是他健行的第二天留下的。

泰勒離我們而去這件事，對我們來說簡直無法想像，我至今仍沒辦法接受。我的內心仍有一部分盼望著電話響起，聽到他的聲音：「嘿，你們把辦公室搬到哪裡了？我的健行結束了，想回去上班，但你們都不見了。」

現在，當世界各地的加盟夥伴每年齊聚，召開會議時，都會頒獎給最符合泰勒「藍色假髮」精神的夥伴。獲得「泰勒精神獎」是莫大的榮耀，每個受獎者都會眼眶泛淚。

泰勒離開不久之後，另一件無法想像的事發生了。雖然不像泰勒的離開那麼悲劇，卻同樣令人痛苦不已。

還記得我說卡麥隆和我湊在一起很危險嗎？是的，我們都領悟到，該是他離開的時候了。

當我們的系統和流程終於趨近完美後，卡麥隆和我開始做一些極端衝動的決定。我們的年盈餘超過一億美元，需要的是嚴謹的後台運作，但我們兩個在這方面都很不擅長。我們從沒有耐性在同一個好點子上仔細琢磨，也從不曾說：「好吧，來好好討論一下。」相反的，我們會一次梭哈，我會說：「嘿，卡麥隆，你覺得這如何？」──碰！他立刻就會著手進行。

當你把兩個隨興直覺的人放在一起，得到的不只是兩倍的隨興，而是指數性的增長，就像是冷卻劑不足的核反應爐。

我們花了很多錢，先開火，再準備，然後才瞄準。

其中一個點子，是想證明卡車行銷（我們稱為「停車場廣告」）

能為生意帶來顯著的成長。要在人來人往的賣場停車場租車位很容易，所以我們計畫在每個繁華的轉角都停一輛卡車，充當我們的巨型看板。而且我們公司的名字就是我們的電話號碼！也告訴大家我們的服務內容！我們將無所不在！呀呼！

我們的目標是讓加盟夥伴購買更多卡車，於是卡麥隆說：「你知道嗎？我們在溫哥華現在有四輛卡車，我們應該要讓這個數字翻倍，變成十六輛！」

這個點子理論上很棒，但成本太高，野心太大，而且沒有任何人勸阻我們。

我們做了很多這類的事。

有一次，我們下重本開了八間分部，雇用了八個新的管理者來經營。每一間分部都失敗了，因為我們太快放手，而新的管理者對我們的成功沒有那麼大的熱忱。這是個慘痛的教訓，不斷提醒我親力親為的重要性。

在凝重的氛圍中，我和卡麥隆看著對方，說：「或許我們不擅長這個。」

我們的公司似乎開始動搖下滑，可以感覺到許多基礎都出現裂縫。

雖然在二〇〇六年底，公司的盈餘扶搖直上，但眼前還有許多挑戰。而我們都知道，當前的經營方法無法永續下去。

卡麥隆和我讓公司不斷成長，已經超乎我們個人的能力。這是公司危急存亡的關頭，卡麥隆和我固然是很棒的搭檔，但卻沒辦法應付如此的公司規模。

我們是很好的朋友，但這段共事關係必須畫上句點了。

13 又一次從頭開始

我需要新的營運長。我多希望能告訴你，我很有智慧地選擇了對的人，一切都幸福美滿。但我答應會誠實坦白，所以必須承認，事情完全不是這樣。

過程有點像卡通《金髮姑娘與三隻熊》（*Goldilocks and the Three Bears*）：這碗粥太燙了……這碗粥太涼了……這碗粥剛剛好。

是的，我從過熱直接跳到太冷。我僱用了星巴克的經理，而且不只是分店經理，是分區的經理。書面看起來，這個人正是我們所需要的；但實際情況是，我矯枉過正了。

在接下來的十四個月裡，公司業績下滑了三成。

說老實話，我還以為自己要全盤皆輸了。

問題的根源是，我們的新營運長沒有藍色假髮的精神。我無助地看著公司的生命力漸漸流逝，而 1-800-GOT-JUNK? 的靈魂開始褪色。

最終，我決定介入：「夠了。」那是士氣相當低落的一刻。

接下來兩年，即便加盟夥伴都認為我並不適合，但我仍獨自經營公司。不過我自己也知道，**與其找了錯誤的幫手，不如不要有幫手**。而我不斷地在找尋正確的人選。

成功思維 14

當你在某方面失控時，

小心不要矯枉過正，

否則可能會往相反的方向暴走。

When you're out of balance in one direction, be careful not to overcompensate, or else you might find yourself equally out of balance in the other direction.

後來，我拿了一張白紙，在中間畫一條線，左邊寫的是公司需要、我很擅長也很喜歡的事；紙的右半邊，則寫下公司需要，但我不擅長也不喜歡的事。

不喜歡的那一半大概包含了這些事：

- 看財務報表
- 撰寫企畫書
- 編列預算
- 人員聘僱
- 團隊打造

但我所需要的人，不只必須紀律嚴明、井井有條，也必須充滿動力，並能帶著冒險的野心執行計畫；必須要有創業的心，而不是受雇於人的態度。

當我終於清楚知道自己未來需要怎麼樣的營運長以後，便鉅細靡遺地寫下其所需具備的特質——

「我是個充滿活力、重視結果的領導者，我的團隊成員都知道我們追求頂尖。當目標很清楚時，我們不會讓任何事物成為阻礙。我努力確保團隊的每個人都是最傑出的，而他們各自也有最好的團隊，每個人都適得其所。我幫助每個手下精益求精，努力讓公司成長，每個人都相信公司的可能性，並且共同實現我們的理想。我願意為公司的營收和成長負起全責。」

「我充滿熱忱，喜歡策略規劃，追求成果。我全心全意執行計畫，每一步都踏實可靠，並且在過程中時常鼓舞和慶祝。」

「我所尋找的創業夥伴，必須有非常清楚的目標，熱愛思考如何將不可能的點子化為現實。我喜歡加拿大，總是想以溫哥華為家。」

接著，我把這些字句給公司外的人看，有兩個人說了同樣的話：「哇！全世界只有一個人符合這個描述。」他們給了我同一個名字。

拿給卡麥隆看了以後，他也說了一樣的話：「哇！全世界只有一個人符合這樣的描述。我們兩個在大學一起創了個兄弟會，他是一號成員，我是二號。畢業以後，他在幾間公司做了不少了不起的事。他的名字是艾瑞克．喬奇。」

艾瑞克．喬奇正是頭兩個人給我的名字。

想不到吧？我也很意外。

說實在的，誰會想得到我最迫切需要來繼承卡麥隆・哈洛德的人，正是在大學時期和他一起創立兄弟會的朋友？

我聯絡了艾瑞克，兩個人一拍即合，很明顯可以看出他和卡麥隆成為朋友的原因。奇蹟似地，艾瑞克同意接受1-800-GOT-JUNK?營運長的位置。

這次，粥的溫度終於對了。

成功思維 15

需要的時候別遲疑，向宇宙提出要求吧！

Don't hesitate to ask the universe for what you need.

艾瑞克和我決定了新團隊的首要工作之一，那就是該是時候雇用一位銷售總監了，而且這個人必須具備「藍色假髮」的精神。

我們屬意的人選在多倫多的保羅・蓋伊手下工作，而保羅是我們的好夥伴，很乾脆地把這人交給了我們。

大衛・詹姆斯曾經在家族事業販售音響，表現的十分出色，讓伯斯音響（Bose Stereo）網羅他加入總部。

保羅和大衛從高中時期結識，當保羅的加盟生意越做越大，需要全職的銷售訓練和市場總監時，他決定聯絡大衛・詹姆斯。

詹姆斯是個一旦做出決定後，就會全心全力投入的人。加入我們公司不久之後，他徵求我們的同意，在自己的車上塗滿公司的標誌，像個行動看板那樣，讓整座城市的人都能看到。這麼做的成效非常好，於是我們決定以三千美元的獎金，鼓勵其他員工也在車子上加工。

但大衛．詹姆斯這麼做時，唯一的誘因只有幫助公司成長，因為他擁有真正的創業者之心。

他曾經為保羅做了很多很棒的事，而現在的我們很需要將他的超高能量，分送給其他的加盟夥伴。

大衛．詹姆斯、艾瑞克和我都知道，決定性的時候到了，此刻正是著手打造加盟夥伴們引首期盼的電視和廣播廣告的最好時機。

14 你相信魔法嗎？

對於成功的廣告要素，每個人的看法都不同，但很少人能不斷寫出成功的廣告企劃。

我們曾經聽說過一位很有本事，但也很孤僻的廣告寫手，他從不接任何想雇用他的邀約電話。這聽起來很荒謬，所以我決定自己打給他試試看。

他的「守門員」告訴我，假如我想見這位廣告大師，就得預付七千五百美元，並且親自飛到奧斯丁。不，他不會和我們通電話，在我們到達之前也不會回覆我們的電子郵件。她告訴我們，大師不太可能答應為我們寫廣告企劃，但我的團隊在離開奧斯丁時，會得到一些珍貴的看法和建議，知道努力的方向和應該避免的失誤。而最好的發展，就是大師會推薦他全世界四十六個夥伴之一給我們。

大衛、艾瑞克和我付了錢，飛到德州。

這一趟，光是親眼看見大師所在的園區領地，也已經值回票價了。十二棟建築物分布在二十一英畝的土地上，其中包含華麗雄偉的塔樓，從海拔九百英尺的台地上鳥瞰整個奧斯丁市。在通往塔樓的人行道上，你會看見美麗的小教堂建造在崖壁上。

大師在掛滿畫作的收藏室接待我們。

這是一個奇妙而美好的一天。

我必須承認，當他開始給我們建議時，我有點擔心，因為他似乎沒有好好聽完我們的故事，也沒有完全了解我們。假如他不夠瞭解我們，又怎麼會知道我們該怎麼辦呢？

正當我這麼想時，他給我們看了一張棒球場的圖。「大衛·費里曼是很有名的編劇老師，」他說：「他發展出許多技巧，能讓人們創造出引人入勝的小說、電視和電影角色。我現在要示範的是改良後的技巧，稱為**角色鑽石圖**（character diamond）。」

艾瑞克、大衛和我緊張地互看一眼。為什麼我們要學寫劇本呢？但我們繼續聽著。

「如果你希望想像的角色夠有趣，就必須賦予他們兩組相對的動機。這四個彼此衝突的動機，將決定這個人物的思考、說話和行動模式，以及他的世界觀。」

他指著二壘和本壘，說：「人們會因為這樣垂直的對立，而被角色吸引，」接著，他指著三壘和一壘，「但水平的對立，才會使我們對角色產生連結。」

接著，在沒有任何鋪陳和解釋的情況下，他給我看了我孩提時代最喜歡的三部電影主角的劇照：《查理與巧克力工廠》（*Willy Wonka*）、《杜立德醫生》（*Doctor Dolittle*）和《小飛俠彼得潘》（*Peter Pan*）。我幾乎說不出話來，但當他給我看幸運符麥片（Lucky Charms）的小妖精時，我忍不住脫口而出：「你是不是和我媽談過？」

「沒有。」

「那你怎麼知道我小時候最愛的電影和麥片品牌？」

「布萊恩，你一向能從身邊快樂的人身上得到活力，這是人們會被你吸引的原因之一。」接著，他指著二壘，說：「『快樂的魔力』就歸在這裡。」

「我不明白。」

「在大眾心中，有個性的品牌就是個想像人物，就像電影、電視或小說裡的角色一樣。但假如你希望自己的廣告讓人相信，你的品牌特質就得建立在你不假思索、努力傳達的事物上。快樂的魔力一向是 1-800-GOT-JUNK? 的精髓。」

接著，他把手指放在二壘上，並說了一句從此在美國、加拿大和澳洲都家喻戶曉的廣告詞：「我們讓垃圾消失，你只要動手指就好。」

「你還沒告訴我，你是怎麼知道電影和早餐麥片的？」

「布萊恩，你最深沉的渴望就是傳達讓人鼓舞、快樂、充滿魔力的體驗。這樣的渴望幾乎從你的每個毛細孔散發出來，我從來沒遇過像你一樣，從內在發出如此強烈光芒的人。希望你別覺得被冒犯了。」

「冒犯？我很開心。」

「和我說說你母親的事，」他說：「我敢打賭，是她帶給你這種瘋狂的樂觀，對吧？」

他是對的。

和他分享完母親的事後，他就答應為我們撰寫廣告。

15

親眼目睹了真正的魔法

維多利亞．羅伯（我的母親）和她高中時期的青梅竹馬結婚。她是個好妻子，但他，卻不是個好丈夫，所以我們從沒有過真正的父子關係。當我說「我到七歲時才真正有了父親」時，我並沒有誇大。

母親從不會讓我覺得自己是個錯誤或負擔，或是帶給她絲毫不便。她總是我最熱情的啦啦隊。即便我還很小的時候，她就會傾聽我的想法，讓我覺得自己很棒。從小到大，她都不曾搖頭說：「這是個爛點子，布萊恩。」

當母親在加州大學舊金山分校修習超音波學位時，外公外婆幫忙她撫養我。他們都是善良而努力的人，在治安不太好的街區開了間小店。但他們似乎有種魔力，可以讓所有接觸過他們的人，生活都能稍微有改善。

就像《查理與巧克力工廠》裡的威利．旺卡、杜立德醫生和彼得潘一樣。

他們打掃、清潔、搬運、堆放、迎接客人。我喜歡待在他們的店裡，感覺真的很美好。

他們讓我初嘗創業的滋味，而我在那樣的環境裡發展良好。為外公外婆工作時，我感受到自己的價值，也感到被接納。或許是人生第一次，他們讓我產生了真正的歸屬感。

外公的店在舊金山的教會區（當時是人們敬而遠之的地區），店裡販賣各式軍用品。街區的商家時常被搶，隔壁的鎖匠被搶過好幾次，另一邊的電子用品店也是。每個人都被搶過，除了羅伯的店以外，雖然店裡的商品都是最好脫手的，例如皮衣、手錶……等等。

當我年紀再大些，才知道為什麼外公外婆的店從來不會被搶劫。

教會區附近街頭的人都認識他們，也喜歡他們。外婆弗羅倫斯和外公肯尼願意花時間記住他們的名字，傾聽他們的故事。若在外面遇見他們，會呼喚他們的名字，並揮手打招呼，停下腳步關心他們的近況。即便從來沒給過對方錢，外公外婆讓每個踏進店裡的人都覺得賓至如歸。

相反的，外公外婆給予的是尊嚴和希望。他們會說：「你還能帶給這個世界許多美好。我相信你的未來是光明的。雖然我們不會做你請求的事，但請你們了解，我們很喜歡你，也很在乎你。」

回想起來，當時街頭人士總掛在嘴邊的是：「別招惹羅伯一家，他們是朋友。」

母親和她的父母如出一轍。我才剛脫離尿布沒多久，她就給了我成功創業家所需要的一切。

在我發明自己的「蝙蝠俠對戰超人」桌遊之前，母親會跟我一起玩「糖果樂園」。我的桌遊用的是迷你蝙蝠俠和超人公仔，和糖果樂園很像，要擲骰子並在板子上移動，選擇不同的路徑，但我的遊戲更偏向動作派／冒險一點。

每次她想和我玩時，我都會收五十分錢。

她會假裝要討價還價，然後假裝這是她玩過最棒的遊戲。

母親教會我，可以用帶給人們笑容來賺錢。而我至今仍這麼做，也不那麼令人意外了。

成功思維 16

讓你深愛的人型塑你。

Let yourself be shaped by the people who love you the most.

成功思維 17

鼓勵是最強大的魔法。

Encouragement is the most powerful magic of all.

幾年後的夏天，對街的小孩開始以三塊錢的價碼幫人洗車。我拿了一塊木板，在他的正對面做起生意，只不過我的看板寫著：「洗車兩塊錢」。接著，我說服了學校的好友在附近比較熱鬧的街區幫我舉牌。

我們的收入急速成長！好吧，至少從一次兩塊錢的規模來看是這樣。我們不敢相信自己賺了多少錢，而我們的街區成了有名的洗車街。我的鄰居和我都從競爭中賺了不少，遠超過我們獨自努力的收入。

母親聽到這件事後，說她非常以我為傲。

母親總是不斷鼓勵著我。

你的生命中，有誰很相信你，而且總是鼓勵你嗎？

若有，當你有機會的時候，請用這樣的鼓勵，點亮其他人的生命。

16

前五十九次的拒絕都不算數

我相信一切都會有最好的結果。我相信每個錯誤的決定和痛苦的時刻，將來有一天，都會帶來美好。所以當人們問我：「如果能重來，你會有不同的做法嗎？」我的答案總是：「不會，我必須學習這些教訓。」

在加盟發展的初期，我們坐在電話客服中心，有人說：「你們知道嗎，假如想擴展事業到美國，我們就需要不同的電話號碼，不能只是地區性的，像 738-JUNK。假如我們能有免付費的號碼，不知道會怎樣？」

當時「Got Milk?」廣告正流行，所以我們想出了「1-800-GOT-JUNK?」那真是神奇的一刻。我說：「這不錯，我覺得可以。讓我們來看看誰先用了我們的電話號碼。」

我們撥了 1-800-GOT-JUNK，聽到答錄機說這個號碼是空號。於是，我心想：「很好，我要得到這個號碼。」但我打給美國電話公司時，他們說這個號碼確定有人使用，但只有在其中一個州。當然，根據隱私政策，他們不能告訴我號碼的主人是誰，或是在哪一州使用。

我打給美國各地的朋友，請他們撥打 1-800-GOT-JUNK，看看是否有人回應。我們一共打了五十九通電話，但每一通的答覆都讓人失望：「無人接聽。」

沒有人能打通，這是當然的，因為使用這個號碼的唯一地區是愛達荷州，這是少數沒有住任何我認識的人的地區。

同時，我也得知，擁有這個號碼的人想要以十萬美元賣出，這當然是不可能的。除此之外，我知道 1-800-GOT-JUNK 是我們的號碼。

我就是知道。

「我可以看見這個號碼成真，看見我們的 1-800-GOT-JUNK 品牌實現。」這是我心中的藍圖。

成功思維 18

想要成就奇蹟，就必須嘗試荒謬。

To accomplish the miraculous, attempt the ridiculous.

用現在式來描述未來的藍圖，把還沒發生的事說得好像已經發生，這不是我們會做的唯一荒謬之事。

我很確定這是我們的號碼，甚至雇用了知名設計公司「驅動設計」，幫我們設計了一直用到現在的企業標誌：藍色和綠色，大大的「1-800-GOT-JUNK?」字樣。

在得到號碼之前，我就已經付了設計標誌的錢。

讓我說得詳細一點：

- 相信是一回事
- 大聲說出來又是另一回事
- 寫下來，和其他人分享你的藍圖，效果會很神奇。
- 預先採取行動（例如在還沒拿到號碼之前就付錢設計標誌），會帶給你信心的基石，讓你能伸手摘星。

成功思維 19

成功的祕訣是在準備好之前就先開始。

The secret to success is to get started before you are ready.

當電話終於打通時，連接到的是愛達荷州的交通部門。政府擁有我的號碼。

我第三次打電話給愛達荷州交通部門的麥可時，說：「我真的很需要這個號碼，這對我來說非常重要。」已經拒絕我兩次的麥可說：「我們的確使用這個號碼，雖然用的不多。」他停頓了好一陣子，說：「好吧，它是你的了，我會把相關的表單傳真給你。」

兩天之後書面工作完成，問題解決，而號碼是我的了。我打給麥可想謝謝他，邀請他和他的團隊共進晚餐，但他已經不在那了。

我甚至連他的姓氏也不知道。我不知道這個號碼是不是他在工作的最後一天，送給我的臨別禮物，或有其他意思。但我知道：**在下定決心投入的時刻，整個宇宙都會聯合起來幫助你。**（我在第5章時已經告訴你了，但我希望你再聽一次。）

成功思維 20

在下定決心投入的時刻，

整個宇宙都會聯合起來幫助你。

At the moment of commitment, the universe conspires to assist you.

17

我看見了，你呢？

時至二〇一二年，艾瑞克．喬奇負責管理公司，大衛．詹姆斯負責管理加盟夥伴，而我們有廣告大師編寫一整年份的廣播和電視廣告。

是時候點燃火箭的燃料了。

是時候讓加盟夥伴的銷售翻倍了。

是時候畫新的藍圖了。

要畫出藍圖很簡單，只要看見理想未來的樣貌，用文字描繪，並且和你愛與信任的人分享就好。

我們二〇一二年的執行長晚會在拉斯維加斯舉行，我拿起麥克風，請全場穿著夏威夷衫的夥伴閉上眼睛，一起看見我看見的場景。

「你坐在海邊，離海岸十二英尺，看著太陽落入海平面。你感受到夏威夷溫暖舒暢的微風，聽見身邊歡慶的聲音，有音樂、笑聲和乾杯的聲音。你被最親近的朋友和家人圍繞，停下來想想自己感受到的自豪。在每個創業家的旅途中，都有個夢想，夢想要達成的目標，夢想成功的樣貌。你已經達成自己的夢想，你讓自己的事業翻倍，而旅程尚未結束……」

接著，我將新的藍圖讀給他們聽。

二〇一六年藍圖

阿囉哈！歡迎來到美麗的茂宜島，參與年度執行長晚會。今晚，二〇一七年三月一日晚上，是我們都引頸期盼的時刻。今晚，我重讀了二〇一六年的藍圖，並舉杯敬每位加盟夥伴和團隊，敬每位「垃圾城」總部的成員，以及陪我們來到夏威夷，一起慶祝實現願景的家人們。

卓越的里程碑

我們每天奉行 1-800-GOT-JUNK? 的目標：讓平凡的垃圾清運事業變得不凡。

二〇一六年，我們一起達到不凡的新里程碑：總銷售額達到兩億美元！我們的顧客幫助我們成長，我們幾乎主宰了每個跨足的市場。我們在美國、加拿大和澳洲的主要城市，都是家喻戶曉的龍頭公司。

領導

▼我們共同的努力，打造了單憑一己之力絕對不可能的成就。在1-800-GOT-JUNK?，我們自豪地成為先驅者，選擇人跡罕至的道路，追求勝利的榮光。我們的成長來自三個領導原則：可靠，對彼此和公司的成長負責；合作，一起努力，掌握系統的力量；創新，不斷挑戰現狀。

勝利的滋味多麼甜美！我們大部分的收益和二〇一一年相比，都不只翻倍，並且成了市場的龍頭，獲得了無數的獎項和讚譽。密集的腦力激盪使我們明白產業的規模和發展潛力，了解競爭的情勢，並且做出有智慧的決定，粉碎其他競爭者。我們快速成為世界知名品牌，不是因為我們做的事，而是做事的方式。我們的領導閃閃發光，最好的例子是：我們超過三分之二的清運都是在土石流之後，讓我們不僅是世界最大的垃圾清運公司，更是最環保的。

我們的領導來自建構出偉大的願景，看見可能性，並且帶著「專注」「信心」和「努力」的精神加以實現。我們運用科技，解決常見的問題，改善公司的每個面向。

我們提升消費者的體驗，消費者可以上網查看卡車的距離，以及卡車司機和工作人員的照片。我們用應用程式提升了運作的效率，讓清運任務的主管即時知道卡車裡有多少垃圾，以及當天已經有多少收益。我們的車隊和客戶都是線上作業，不再浪費紙張。我們的創新設計，希望激發「投入」「覺察」和「客戶驚豔」。

投入

投入聽起來很簡單，但卻充滿力量：「重要的是人。」我們勤奮不懈地尋找正確的人，並堅持正確地對待他們。

得勝的團隊每個成員都很投入，火力全開！我們的團隊獲得頂尖雇主和頂尖加盟主的獎項。我們的合夥關係達到前所未有的堅固，而總部與加盟夥伴的信任合作程度也創下新高。加盟夥伴全心投入，並且每一步都感受到總部的支持，許多人也參與加盟諮詢委員會的運作，協助主持會議或擔任同僚導師。這才是真正的投入！

我們每個人和所做的每件事，都代表 1-800-GOT-JUNK? 的文化。我們用「專情正心（專業、熱情、正直、同理心）」打造出令人羨慕的企業組織。我們的飛輪不斷加速，驅動力正是因為有非常聚焦但仍充滿趣味的文化。我們重視結果，只雇用和挽留擁有相同價值觀，願意共同打造獨一無二成就的人。我們的自豪是無庸置疑的，人們蜂擁到我們門口，希望能在 1-800-GOT-JUNK? 工作，成為充滿感染力的「藍色假髮」一員。我們的中央聘僱和篩選系統讓加盟夥伴更容易也更迅速地找到「湯姆」（這是我們對事業最前線清運工人的稱呼）。

覺察

▼人們告訴我們：「到處都能看到你們的車！」我們醒目的宣傳風格和快樂的氛圍在住宅和商業區都捲起前所未見的風潮。隨著我們持續拓展全世界的知名度，每個人都注意到我們乾淨閃亮的卡車，和友善、穿制服的司機，他們都以我們的品牌為傲。加盟夥伴聽說他們的工人成為服務業的典範時，個個笑咧了嘴。

從沒有哪個品牌在媒體上獲得和我們一樣的高度關注。客戶總是馬上就信任我們，因為我們是歐普拉、艾倫秀（The Ellen DeGeneres Show）、華爾街日報和早安美國介紹過的公司。我們利用這樣的可信度，將媒體的背書整合，成為強而有力的大眾媒體宣傳。我們的宣傳策略是與各報系媒體合作，以科學的方式執行，成為成長翻倍的關鍵因素。

我們最大的競爭優勢是與客戶的連結！我們利用客戶資訊，在正確的時機聯絡客戶，傳達正確的訊息，讓行銷的成果達到新高。我們的創新科技運用，為客戶提供高度客製化的行銷，符合他們獨特的需求和誘因。

▼

假如我們持續的成長有個主要的歸因，大概就是出色的淨推薦分數（NPS）吧！很顯然，我們的客戶都熱愛

客戶驚豔！

1-800-GOT-JUNK?。

雖然 1-800-GOT-JUNK? 是國際性的企業，客戶卻能有高度客製化的服務體驗。我們將每個和客戶的互動，都視為建立連結的機會，從「包山包海」的銷售中心、到表達歡迎的電話，從卡車團隊接聽客戶最初的電話，到令人難忘的追蹤和致謝電話都是。我們的業務和加盟商甚至會寄送手寫的感謝卡。

我們提供我們承諾的服務，致力維持品質保證：準時的服務、最高的品質、乾淨閃亮的卡車、制服整齊的友善司機。我們的客戶知道我們與眾不同，他們欣然迎接我們的「湯姆」，因為這代表煩惱解除了！

成功

▼加盟夥伴的獲利是 1-800-GOT-JUNK? 的動力。我們不斷提高標準，但也堅守底線。

我們知道加盟夥伴的獲利是成長和成功的關鍵，而總部和加盟夥伴都持續將獲利重新投資。

我們深深相信：「人不會失敗，但系統會。」我們不斷尋找系統的失誤，並且加以改善，這是我們能維持頂尖的關鍵。最好的運作模式會被記錄下來，分享給其他夥伴，並且鼓勵普遍施行。

成功意味著贏得勝利，奉獻付出，得到認同，並享受樂趣。我們的團隊共同畫出這樣的藍圖，希望成為全世界仰望的品牌。我們也支持彼此追尋個人的目標。我們慶祝每個里程碑，努力讓平凡的垃圾清運事業……變得不凡。

18 檢視藍圖的差異

我們實現了四年前的藍圖，一共五百人聚集在夏威夷可愛島的君悅酒店，這是個非常美麗的地方。

其實在藍圖裡的某些部分，此時還沒有成真。我們還在等艾倫邀我們上她的節目跳舞。但我們曾說要讓生意翻倍，我們做到了，甚至還更好。

成功思維 21

你的耳朵想聽見你的聲音說出偉大的話，

讓它們開心吧！

Your ears want to hear your voice say something remarkable.
Make your ears happy as often as you can.

我們正在再次翻倍的軌道上！

等等，或許該認真檢視一下現況了：

● 保羅．蓋伊在多倫多擁有價值最高的加盟店，那是個巨大的城市。

● 有些夥伴的人均表現比蓋伊更好，但他們所在城市的大小限制了發展。

● 假如每個夥伴的人均收益表現都能和蓋伊一樣（而有許多人早已超越），那麼 1-800-GOT-JUNK? 應該早就遠遠超越我們的目標了。

好的，檢討結束。

我們用一九九九年的方式慶祝著（還記得王子的那首歌嗎？）艾瑞克．喬奇給了大家穩定和信心。

大衛·詹姆斯一如以往，讓大家振奮歡騰。（順道一提，我們將他拔擢為公司的董事總經理。）

廣告大師和他的妻子普林西斯·佩妮也加入我們，讓大家看看最新的電視和廣播廣告。

當然，我也帶了「垃圾城」（負責接聽所有電話的總部）團隊，因為假如沒有他們，這一切都不可能會成真。

19

拓展自己的邊界

當 1-800-GOT-JUNK? 在大衛．詹姆斯的管理下安穩運行時，我和艾瑞克．喬奇就能自由地作夢，想像著未來某天，應該還能再實現什麼。

成功思維 22

假如你能在一生中完成人生志業，

那就是你想的還不夠遠大。

If you can accomplish your life's work during your lifetime, you're not thinking big enough.

成功思維 23

當你開始理所當然地述說還未發生的事，

這就是勇氣的起點。

但你必須打從內心相信，

無論如何都會成真。

Audacity begins when you start talking about things that haven't happened yet as though they already have.
But you must believe in your deepest core that they will come to pass, no matter what.

「我們將發展三項新的事業，而每一項都棒呆了。」

就像大部分成功的生意點子，我們旗下的新品牌都源自於挫折的經驗，有些事情似乎不應該如此繁雜勞累。我以前會說：「真該有人……」

然後我猛然驚覺：「為何我們不自己來呢？」

我告訴財務部門的主管：「我們得創立一間母公司，來持有全部的品牌。」

他問：「你想取什麼名字？」

我向來知道自己是個平凡人。很平凡。

而我聚集了許多創業者，想創造不凡的事業。不凡。

我靈機一動，新的名字出現了：從平凡到不凡（Ordinary to Exceptional）。

這就是O2E品牌誕生的瞬間。

20 為房子上油漆

我的房子需要上油漆，所以聯絡了一些臉書上的朋友。兩位朋友各自推薦了我聽過的公司，我也打電話詢問報價。而第三位朋友（他是我最喜歡的人之一）說：「有間公司叫『一日油漆』，裡面有個叫吉姆的，你應該和他談談。」

一開始先來了前兩間公司的人，從進門那一刻就全身散發菸味。他們遲到了，而且衣衫不整，根本沒穿制服。我對他們的感覺不是很好。

但接著第三個人進來了，就是吉姆．博登。他穿著制服，用的估價系統在 iPad 上，而停在外頭的休旅車閃閃發亮，上頭寫著「一日油漆」。我心想：「這不錯。」

吉姆說：「我的報價和其他人的都一樣，而我的品質則非常出色。我的賣點在於，當我們確定了油漆的日子，我就會在那一天完成全部工作。」

我問他：「你在開玩笑吧？」

他指著外頭的休旅車，說：「『一日油漆』，我們名符其實。」

「我不知道你要怎麼辦到，但好吧。」我們握手成交，但我心裡想的是：「假如要花兩天，那也比兩個星期快太多了。」

我預訂了油漆的日期，在當天晚上六點半時到家。從地板到天花板，所有的牆面都很完美，裝潢邊緣的部分也是。而廚房因為原本的污痕，必須上三層漆，也處理得毫無瑕疵。整個工程無可挑剔，我佩服得五體投地。

我打給吉姆，盛讚道：「謝謝你！真不可置信！服務太棒了！你考慮過加盟經營嗎？」

他說：「其實我以前試過，但沒有成功。」

我說：「要一起喝一杯聊聊嗎？或許我能幫上忙。」

然後我打給油漆生意的專家詹姆斯．艾利許，說：「我想買下一間叫『一日油漆』的公司，革新整個油漆生意，一起吃頓午餐談談吧！」

午餐尾聲時，詹姆斯說：「別這麼做，別買下這間公司。這不會成功的。如果你執意這麼做，那你就是瘋了。」

他給了我上千個不會成功的理由，但最大的重點是：工程的時間太短，不可能提供有品質的服務。

對我來說，「不要」正是驅使我嘗試不可能的強烈動機。因此，即便好朋友（同時也是油漆專家）說我瘋了，我還是買下了公司，並且加盟經營。不久之後，我就嘗到了現實的苦澀滋味。

我得承認，我當時有點自以為是，想著：「我們成功過一次，這次一定也行。」

兩年之後，我們還是在油漆產業中生存。但客戶無法和「一日油漆」的理念連結，公司也沒有應該要有的動力。我們想不出解決的方式。

內心深處，我懷疑問題在於我們保留了吉姆．博登原本的標誌顏色：藍色和橘色，看起來就像是大學美式足球隊。這可不是人們

成功思維 24

當有人告訴你「不要」時，你有兩個選擇：

讓火焰熄滅，或是轉化為點火的燃料。

When you're told no, you have two choices: let it douse your flame, or use it as fuel to light the fire.

希望粉刷後的感覺。

你曾經用了錯誤的方法，做對的事嗎？這也發生在我身上。我拿了「一日油漆」這個完美的點子，未來也有十足的發展性，但卻用了錯誤的方式包裝。

最後，我說：「我們得重新塑造形象。」

你還記得我說過，整個宇宙都會幫助你嗎？那天，我和家人一起漫步在義大利佛羅倫斯的人行道上，看見一間很棒的冰品店，有五十種口味。其中一種口味的冰品上，放了一個半片檸檬和糖果做成的笑臉。我說：「我想要那個口味，它在對我微笑，打進我心裡了。」我立刻把冰品照起來，傳給商標的設計師，訊息寫著：「這就是『哇！一日油漆』的魔力。」

他抓住了這樣的魔力，而我們的公司立刻轉變了。

又一次看到同樣的模式：失敗而後成功。我一度太過自以為是，以為我的模式和經驗能克服較弱的品牌形象。但我錯了，我的失敗證實了這一點。

我們必須謹記在心的是：失敗只是暫時的。**我們看見自己的失敗，承認失敗，找到修正的方式**。當我們看見了失敗，帶著樂觀的態度接受，我們的創造力才能發光發熱。

只是當光明充滿我的內心時，我剛好在義大利看著冰品店裡的冰淇淋而已。

我把新的品牌包裝給詹姆斯．艾利許看，他說：「我想加入。」

讓詹姆斯這個反對者改變想法的，不過是品牌的重新包裝而已。而本來抱持「你這麼做簡直是瘋了」態度的詹姆斯，成了「哇！一日油漆」的董事總經理。

21 是搬家的時候了

我和妻子菈羅差不多該搬去新家了。

我認識一個曾經參觀過「垃圾城」的人，他經營搬家公司，是有點歷史的家族企業。他說：「嘿，假如你需要搬家，這是我的名片，找我就對了。我會給你貴賓級的待遇。」

我一直留著他的名片，於是打電話給他。

他們的廣告台詞之一是「保證準時到達」。

他們遲到了四十五分鐘。

我們才剛在地下室鋪上新地毯，他們卻留下褐色的泥巴腳印。搬家工人戴著耳機，音樂開得超級大聲。他們會對我大吼大叫：「這個箱子該搬到哪裡去？」

我告訴他們，他們又大吼：「哪裡？你說什麼？」

我想說：「如果你把耳機拿掉，就能聽到了。」但我只是微笑，再喊得大聲一點。

我聽見他們在樓上說：「出狀況了。」

我上樓，問：「我可以幫什麼忙嗎？」

原來他們沒辦法把床墊搬上狹窄的樓梯間，所以把床包打開，然後拆了我們的有機眠床墊。你可以想像自己做千層麵時，把一層一層的麵皮、餡料疊起來，賣相有點糟是吧？我們的床墊看起來就是那個樣子。

誰會把床包打開，拆解床墊？

我們得買新的床墊。

……

我要說的是，這類的事不斷發生。

當他們讓我妻子最愛的植物斷頭而死時，「你打動我（You Move Me）」搬家公司就此誕生。

我尊敬願意承認錯誤的人，所以當搬家公司老闆詢問我的意見時，我說：「我願意和你見面，但請恕我給出最直白的評論。我不需要折扣或其他東西，但假如你真的想要回饋意見，我願意提供。」

所以我什麼都告訴他了，然後說：「我大概會創立一間搬家公司，因為我覺得搬家不該是這麼糟的經驗。」

他感謝我的坦白，說：「我絕對會做出改變。」

你是否曾經因為某個經驗而起心動念：「應該會有更好的辦法？」經驗告訴我，必須傾聽自己的直覺，這通常是發現可能性的機會。畢竟，沒有人知道靈感什麼時候會降臨。

我和一些信賴的人討論，大家都因為要改造搬家產業而躍躍欲試。於是，艾瑞克．喬奇、保羅．蓋伊、湯姆．利普馬、洛瑞．巴奇歐和我決定見個面，一起討論成立搬家公司的細節。我們約好在溫哥華碰頭，然後到惠斯勒開會。

到了那天，湯姆打電話說：「我被改到晚一點的班機，會遲到差不多四小時。」

保羅說：「那我們去買運動服吧！」

我們都看著他：「為什麼？」

「一起去買同款的運動服吧！」

我們說：「聽起來太荒謬了，所以……好吧。」

我們開車到溫哥華市區，買了五件同款式的運動服。藍色的全套運動服，褲子有白色條紋。同款的鞋子、襪子、運動衫，全部都只有藍白兩色。我們回到白色禮車上，一起到機場接湯姆。

湯姆從行李轉盤走過來，看見我們都穿了同款的運動服，問：「我的呢？」

我們把他的衣服給他。「到廁所換上，我們要討論新的搬家事業。」

湯姆問：「為什麼是運動服？」

保羅說：「為何不呢？」

成功思維 25

認真看待你的事業，但不要太認真看待自己。

Take your business seriously, but never take yourself too seriously.

我們在惠斯勒待了兩天，都穿著一樣的愛迪達運動服，構想著完美的搬家體驗，並思考該如何實現。

兩天後，我們精神充沛，立刻打電話給所有1-800-GOT-JUNK?的加盟夥伴，有二十五位當場買下所屬地區「你打動我」（You Move Me）的加盟權。

有專業人士告訴我不要這麼做，但我比較厲害，不是嗎？

一開始的加盟夥伴裡，有超過一半，在幾年之內便做不下去而放棄。

等等：我到底需要經過幾次失敗，才知道自己沒有想像的那麼特別？

回首過去，我領悟到為什麼有些加盟夥伴不如以前那樣積極開創。**事實很簡單，他們生活過得很好，不想再那麼拚命了。當他們買下「你打動我」時，抱持的不是創業者的心態，而是投資者。**

但並非全部的人都是如此。泰勒和賈許每年在堪薩斯城收入數百萬，連我們也還沒完全搞清楚他們是怎麼辦到的。如今，還有十多個快樂、渴望、努力、實踐的創業家們，在他們的領導之下，有非常出色的表現。

謝謝你們「創業式」的領導，泰勒和賈許！

但我得重申：對於搬家公司把植物斷頭的事，菈羅到現在還是很不開心。

而我對於如何革新搬家產業，也依然充滿熱情。

22

把排水溝清乾淨

每當下雨過後，雨水會沿著我們房子側邊的外牆湧出，所以只要走到戶外都會淋得溼透。我妻子菈羅說：「你得把排水溝清一清。」

於是我上網搜尋，並試著連絡聲稱能提供服務的人，但他們都沒有回我電話。我留了訊息，寄了電子郵件，但沒有任何人回覆。可以說整個 Google 和 Craigslist 網站的公司都沒有回應。

我把這個故事說給萊雅・阿德勒聽，他是「哇！一日油漆」的加盟夥伴。「我找不到任何人來清我的排水溝，我快瘋了。」

萊雅說：「打給伊格爾，他正和一個名叫戴夫・諾特的人合作，想建立一間『小屋閃亮』清潔公司。」

我說：「戴夫・諾特？我知道他。」

戴夫是保羅・蓋伊在「大學專業畫家」的另一個朋友。十二年前，戴夫曾聯絡我，想買下1-800-GOT-JUNK? 在溫哥華的加盟店，但我不願意賣，因為我還沒準備好離開垃圾清運產業，完全投入加盟事業。在那之候，戴夫創立了一間大型油漆公司，市值上百萬美元。

伊格爾和戴夫一起來看我的排水溝。當我走到屋外，撞見他們正討論著要如何讓我印象深刻時，不禁覺得有點訝異。

幾天之後，我才知道他們真的很想要這份工作，因為戴夫的企圖心很大，不只想清乾淨我的排水溝而已。

「小屋閃亮」清理了我的排水溝，他們的服務讓我很驚嘆，既徹底又迅速，簡直棒極了。

戴夫寄了電子郵件問我：「覺得怎樣？」

我回覆：「太棒了，簡直太完美了。」

他說：「我認為『小屋閃亮』應該成為O2E品牌的一分子。」

我說：「喔，真的嗎？」

他說：「差不多一年多前，我告訴自己：『布萊恩．斯庫達默踏入一個沒有人喜歡、骯髒破碎的產業，然後建立了自己的帝國。我該如何像他一樣創造？』」

我還沒從「哇！一日油漆」和「你打動我」的錯誤痛苦中回過

神來，更別提再創立另一個新的品牌。但戴夫很堅持，不斷聯絡我。我們差不多一季會碰面一次，一邊吃午餐一邊討論。

某天，我終於買下他的公司。

我保留了「小屋閃亮」的名字，因為我很喜歡。但我不喜歡它的商標，於是去找參考義大利冰淇淋照片設計出「哇！一日油漆」的設計師尼爾．福克斯。

尼爾和我一樣瘋狂，知道如何運用形狀、顏色、字體和圖像，來正確傳達我們想要的訊息。

在戴夫．諾特和尼爾．福克斯，以及許多快樂、渴求、努力、實踐的夥伴的幫助下，「小屋閃亮」很快地有了魔力，夥伴的表現都非常好。

我希望自己終於從自以為是和過度自信中學到教訓，但每當我開始這麼想時，又忍不住擔心自己太自以為是、過度自信了。

我想，這樣或許是件好事。

23

英雄之於我們的意義

假如你能告訴我，某個人所仰慕的是什麼，我便能描繪出關於這個人的一些重要的訊息。

你仰慕什麼呢？

我仰慕我父親的自律和井井有條。

我仰慕我母親的勇氣和給我的鼓勵。

我仰慕我祖父母的待人處事方式。

我也仰慕我三年級的多德斯老師。

多德斯老師從不會說：「別這樣做，別那樣做，你不能做這個。」他會讓你感受到接納。他努力給我發揮才能的機會，例如在放學後志願留下來陪我們打草地曲棍球。我從未在他身上感受到批判，因為他總是無條件地接受我們最真實的樣子。

O2E品牌的文化也是如此，我們接受每個人的真實樣貌，就像多德斯老師一樣；尊重每個人，就像我的祖父母；鼓勵每個人，就像我母親；而我們有著專業的組織和紀律，就像我父親。

這些人都是我的英雄。

你的英雄是誰呢？

外公羅伯在一九八七年過世，我當時唸十一年級。我知道假如他再晚兩年過世，我就會繼承他的軍用品店，但時機卻不湊巧，外婆又不想一個人經營，所以就把店鋪收掉了。

我從他們身上學習如何做生意。

我受到他們許多啟發。

我看見他們的生活多麼快樂。

我想，如果能接手羅伯的店，我一定會很快樂，但老天有別的安排。

假如還沒有，那只是時候未到而已。

成功思維 26

當一扇門在眼前關上時，

不要沮喪，一切終會有最好的結果。

When a door closes in your face, don't be disappointed.
Everything is going to be all right in the end.

再問一次，你的英雄是誰？

這個問題為什麼重要呢？

英雄有許多類型：歷史人物、商業典範、傳說角色和漫畫書的人物。我們有各種書籍、歌曲、電影和體育運動的英雄；有領導、卓越和仁慈的英雄。

對我們來說，沒有什麼比英雄殞落更慘痛的了。

仰慕英雄很危險。

但沒有仰慕的人更危險。

英雄為我們立下了崇高的目標和準則，展現了我們努力的方向。我們會根據自己的希望和夢想，選擇自己的英雄，並且用他們的形象來塑造自己。

麥拉斯．拉維是「小屋閃亮」在多倫多市中心的合作夥伴，而他的英雄之一是保羅・蓋伊。

事情經過是這樣的：我和一些曾經在「大學專業畫家」工作的人聯絡，而麥拉斯・拉維是其中之一。我透過LinkedIn傳訊息給他，而他立刻回覆道：「嘿，你傳訊息的時機真是太巧了，我正從自家公寓的窗外看著你們多倫多辦公室的招牌。」

他認為當我傳送訊息時，他正看著我們的招牌，這簡直是天意注定。我們聊了一陣子，他說他才剛到多倫多，正想找些新事物來嘗試。於是，我讓他和「小屋閃亮」的團隊聯繫，而他成了團隊的夥伴。

麥拉斯・拉維下訂了「小屋閃亮」的卡車，指定送到溫哥華（而不是多倫多），如此他才能重現保羅・蓋伊的旅程。我很確定你的想法和我一樣：「這樣做一點道理也沒有啊！」

但麥拉斯說：「假如這是保羅的起點，我希望能和他一樣。」麥拉斯．拉維有著創業家的心。他想辦法讓「小屋閃亮」成為他的公司，而不是我的，也讓多倫多成了他的城市。他藉由重現了傳奇性的公路旅行，象徵了將過去拋到身後，並向未來大步邁進。**公路旅行的意義是：「我把一切都投入了，沒留下任何退路。我唯一的選項是成功，沒辦法回頭了。」**

多倫多的 1-800-GOT-JUNK? 不是由布萊恩．斯庫達默所建立，而是保羅．蓋伊的成果。舊金山的 1-800-GOT-JUNK? 不是由布萊恩．斯庫達默所建立，而是湯姆．利普馬的成果。西雅圖的 1-800-GOT-JUNK? 不是由布萊恩．斯庫達默所建立，而是尼克．伍德和他的刺青。這些夥伴們的成就，都是屬於他們自己的，不是用金錢買來，而是靠著努力贏得的。

其他的夥伴也一樣，這正是「創業家之心」的意義。

我提供的只有藍圖和工具，而夥伴們選擇自己的城鎮，並創造事業。如果想創造出有價值的事業，投資者的心態是不夠的，必須要成為創業家才行。

我提供的藍圖經過時間的驗證，其中的系統、策略和步驟都可行。而工具則是科技、行銷和廣受喜愛的品牌。**創業家在一手接下藍圖以後，就用另一隻手揮動鎚子開始建造。**

沒有人能買賣成功，成功是努力贏得的。

藍色假髮、運動上衣、紋身貼紙（還有刺青）、愛迪達運動服，以及旁人難以理解的跨國之旅，都只是快樂的創業家高喊「活著真好！」的方式而已。

每天早上起床時，我的內心總是充滿感激，慶幸我當初並沒有

成功思維 27

每天快樂的重點在於保持感恩的心。

The key to daily happiness is to maintain an attitude of gratitude.

把公司賣給廢棄物處理公司。假如賣了，我就不會認識這麼多快樂美好的人，一起因為創業感到振奮。但金錢不是重點，我們的相似之處在於我們都喜歡被需要，喜歡帶給別人快樂，喜歡一起創造和享受。

我認為，世界上有太多人受到金錢所奴役。

對我來說，金錢只不過是副產品而已，不是我的目標。**當你做對的事時，金錢自然就會用對的方式，在對的時間流向你。**

因為開名車、住豪宅而帶來的成就感只是暫時的，維持不了多久。我認識最快樂的人，都不將金錢視為第一優先。他們有人生的目標、重視生活、家庭、朋友和享受，這些都是金錢買不到的。

我相信，假如人們不再談論如何變得有錢，而是感恩自己生命中已經擁有的財富，一定能快樂許多。

24

挫折越大，反饋也越輝煌

未經歷過失敗的成功太過膚淺。在你的內心深處，永遠會知道一切並非自己努力贏得。

然而，假如你有許多失意、悔恨和渴望，面對不可能的情況仍堅持不肯放棄，那麼你的一切成就都是你應得的。

你會帶著微笑擁抱你的錯誤，超越所有人的期待得到成功。

我知道。

你也知道。
你的導師也會知道。
你的家人和朋友一定也知道。
還有其他重要的人嗎？如果有，他們一定也會知道。
我們相處的時間進入尾聲了，有十件事我希望你能記得：

1／失敗是打開真實成功之門的鑰匙，失敗的價值在於告訴我們必要的教訓。不要害怕嘗試和失敗，應當從中學習。
2／失敗只是暫時的，有趣的是，成功亦然。
3／降低失敗次數的唯一方法，是找到一位願意和你分享失敗教訓的導師。
4／記得，當你選擇了值得學習的導師，也必須讓對方接受你。

5／讓身邊充滿熱情的創業家，用想法和行動實踐創業之心。

6／假如公司裡每個人都只領導不如自己的人，那麼公司的格局永遠不會提升。

7／假如公司的每個人都領導勝過自己的人，公司就能百尺竿頭，更上一層。

8／有智慧地選擇自己仰慕的英雄，他們將定義你這個人。

9／真正的快樂是享受現在，不要害怕未來。

10／欣然接受失敗！

生存和**生活**是不一樣的。

我希望你能和我一樣，享受生活。

25

說說你的故事

我的故事說完了。
從今天起，你的未來是一張白紙，你希望述說怎樣的故事呢？

關於作者

布萊恩・斯庫達默 Brian Scudamore

布萊恩・斯庫達默總是走較少人走的路，十九歲時開創專門的垃圾清運公司1-800-GOT-JUNK?，將人們避之唯恐不及的苦差事，轉變為卓越的客戶服務體驗。日後再由成功的創業經驗，拓展另外三個居家服務品牌：WOW 1 DAY PAINTING（粉刷公司）、You Move Me（搬家公司）和Shack Shine（清潔公司），企業版圖橫跨美國、加拿大、澳洲。布萊恩的「善敗」理念，源自於他相信把夢想做大、勇於冒險以及從錯誤中學習的力量。他透過授予特許經銷權（加盟）的方式，讓上千位滿懷抱負的創業者實踐並擁有自己事業的夢想。

・綠蠹魚 YLP35

「善敗」成功學

美國垃圾大亨布萊恩，從平凡到不凡的「創業式領導」筆記

・作　　者　布萊恩・斯庫達默 Brian Scudamore
・譯　　者　謝慈
・封面設計　萬勝安
・內頁排版　A.J.
・行銷企畫　沈嘉悅
・副總編輯　鄭雪如

・發 行 人　王榮文
・出版發行　遠流出版事業股份有限公司
　　　　　　100 臺北市南昌路二段 81 號 6 樓
　　　　　　電話 (02)2392-6899
　　　　　　傳真 (02)2392-6658
　　　　　　郵撥 0189456-1

著作權顧問　蕭雄淋律師

2019 年 9 月 1 日 初版一刷
售價新台幣 250 元（如有缺頁或破損，請寄回更換）

ISBN 978-957-32-8619-6

遠流博識網 www.ylib.com　E-mail: ylib@ylib.com
遠流粉絲團 www.facebook.com/ylibfans

國家圖書館出版品預行編目 (CIP) 資料

「善敗」成功學：美國垃圾大亨布萊恩，從平凡到不凡的「創業式領導」筆記 /
布萊恩 . 斯庫達默 (Brian Scudamore) 作；
謝慈譯 . -- 初版 . -- 臺北市：遠流，2019.09
224 面 ;13×19 公分 . --（綠蠹魚；YLP35)
譯自：WTF?!Willing to Fail：How Failure Can Be Your Key to Success
ISBN 978-957-32-8619-6(平裝)

1. 創業 2. 職場成功法

494.1　　108012513